Jacob

Hu

bner

Beiträge zur Geschichte der Schmetterlinge

Jacob
Hu
¨
bner

Beiträge zur Geschichte der Schmetterlinge

ISBN/EAN: 9783742811585

Hergestellt in Europa, USA, Kanada, Australien, Japan

Cover: Foto ©Klaus-Uwe Gerhardt /pixelio.de

Manufactured and distributed by brebook publishing software
(www.brebook.com)

Jacob
Hu

bner

Beiträge zur Geschichte der Schmetterlinge

BEITRÄGE

ZUR

GESCHICHTE

DER

SCHMETTERLINGE.

VON

JACOB HÜBNER.

AUGSBURG 1786. — 8 9.

Zu finden bei dem Verfaſſer.

Beiträge
zur
Geschichte
der
Schmetterlinge

von
Jacob Hübner

J.P. Thelott del. et Sculp

Verbesserungen.

Im ersten Theil.

Seite 3.	Zeile 3.	ſtatt	Modeſta	Chalſytis.
5.	4.		weiſs	gelb
6.	4.		Weiddorn	Weiſsdorn
10.	28.	nach	Knochs	Beitr. z. Inſgeſch.
13,	15,		Raume	welcher heller iſt als der äuſsere und innere
14.	20.		Roſana	*
16.	13.	ſtatt	T	I
	14.	nach	Ph.	Noct.ʼ
19.	21.	ſtatt	grün	rothbraun
	24.	nach	Breite	an welchem ein gelbes Fleckchen.
20.	27,		Argus	* und unten die Note welche auf der 22. Seite ſteht.
24.	21.	ſtatt	Geom.	Geometra
	26.	nach	Kopf	die Schnauzen die Fühler
		ſtatt	Oberleib.	Vorderleib
	27.	nach	gen.	ſchwarzbraun; wegzuſtreichen iſt: die Fühler die Schnauzen
26.	16.	ſtatt	Docecadactyla	Dodecadactyla.
			45.	4. 5.
27.	11.		Veſtalis	Albicillata.
	14.		Bomb.	Bombyx
	29.	nach	f. 7.	Veſtalis
33.	19.		Streiſen.	Streifen
Im Inhalt.		ſtatt	Modeſta.	Chalſitis,
			Papelweideneule	rothgelbe Eule.

Verbeſſerungen.

Im zweiten Theile.

Seite 3 Zeil. 5. ſtatt Die   *Dieſe*
            ſtatt Phaläna   *Phaläne*

4.   2.   er   *ſie*

        7.   Geſpenſte   *Geſpinſte*

       19.   Geſpünſte   *Geſpinſte*

       25.   ſchief, über *ſchief über.*

5.   26. ſtatt Flecken   *Fleck*

6.   12.   leztere   *lezt erer*

7.   3. iſt auszuſtreichen *in*
           ſtatt an der Ecke
                überall   *am Eck.*

8.   8. ſtatt gelbraun   *gelbbraun*

       9.   wehslend *wechslend*
          11. überall Cl.

9.   19.   nach die *, der*

       27. ſtatt P.   *Ph.*

10.   18.   olifen   *oliven*

12.   5. iſt daſs * und unten die Note wegzuſtreichen.

      14. ſtatt I.   *I.*

13   14.   Phaläna   *Phaläne.*

      20.   ſchadiertes   *ſchattirtes*

      25.   Scwingrande *Schwingrande.*

      27.   eingefaſt   *eingefaſst*

16.   6.   Pomoana.   *Pomonana.*

       7.   Geſtalat   *Geſtalt.*

      10.   golbgelb.   *goldgelb.*

      29.   Atomana * *Atomella* ** und unten
             Knochs Beitr. z. Inſ. Geſch. III. St.
             t. 6. f. 2. Atomana, Tort. dagegen iſt

17.   18te Zeile auszuſtreichen.

18.   11. ſtatt ſiben   *ſieben*

      29.   gröſe   *Gröſse*

21.   11.   wellenſtreifen. *Wellenſtreifen*

      22.   bund   *bunt*

      29. nach t. 1.   *f. 7.*

Verbefferungen.

Seite 22. Zeil 13. ftatt auf   *auch*
             16. ift auszuftreichen *aber*

  25.   8. ftatt. De   *Die*

  26.   28. nach f. 5.   *Domiduca, Noct*

            29.   t. 5.   *Domiduca, Noct.*

  28.   29. ftatt ähnlice   *ähnliche*

  29.   2. ftatt hellweis   *halb weifs*

Im dritten Theile.

Seite 32. Zeil 20. ftatt. Subfcqua *Interpofita*

  24.   1.   Naturgefchichte *Befchreibung.*

Im Inhalt ftatt Vogelkrauteule Subfequa *vollfärbige Eule*
                                            Interpofita.

Im vierten Theile.

  6.   7 ftatt Fh.   *Ph.*

  12.   15. Flügelgelenksdec en   *Flügelgelenks-*
                                       decken

  15.   12. Hafskragen   *Halskragen*

  20.   19. Einige aber kommen *Einige kommen*

  29.   13. Ockerbraunfchattichtes *Ockerbraun,*
                                       fchatticktes

In den Nacherinnerungen.

Bei Abietis ftatt A. 1.   *A.* 3.   Nach Fafcia Noct.
gehört Fafciaria Geom. Kienbaumfpanner 4. Thl. S.
Syft. Verz. der Schmett. d. W. G. Geom. A. 2. Kienbaumfpanner Fafciaria, nach Infignata gehört *Interpofita,*
Noct. 3. *Thl. T.*
bei Pallens, Noct. ift auszuftreichen, Efpers Schmett. &c.
Prafinaria ift ganz auszuftreichen.
bei Rutilago ift noch zu fetzen: Efpers Schmett. in Abb.
   4. Thl. t. 45. f. 2.   Prätexta Noct.
Subfequa ift ganz auszuftreichen

Geringe Fehler die den Sinn nicht verändern, beliebe
    der Lefer felbft zu verbeffern.

Inhalt.

Inhalt.

BEITRÄGE
ZUR
GESCHICHTE
DER
SCHMETTERLINGE.
ERSTER THEIL.

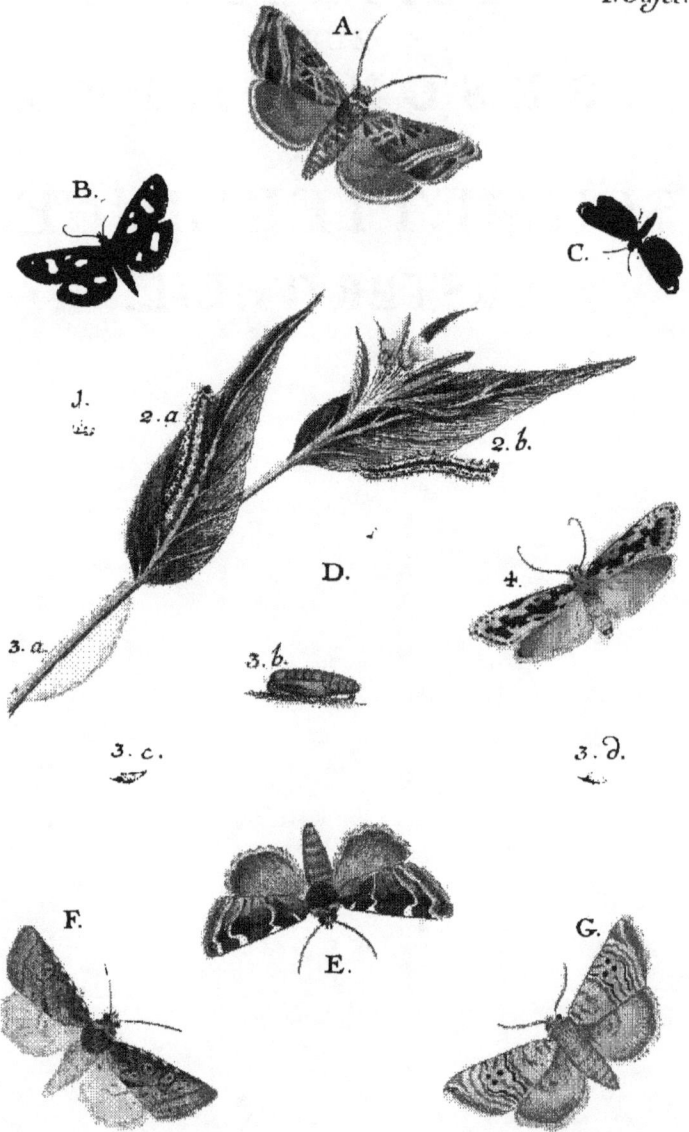

A. Ph. Noct. Modesta. B. Ph. Pyr. Guttalis. C. Ph. Tin. Combinella.
D. 1. 2. 3. 4. Ph. Tin. Pusiella. E. Ph. Noct. Affinis. F. Ph. Noct.
Fuligo. G. Ph. Noct. Octogesimea.

BESCHREIBUNG
DER
PHALAENA NOCTUA MODESTA.
mas.
I. Tafel. A.

Sie ift beynahe fo grofs als die ihr gleich geftaltete
Ph. Noct. Chryfitis.* Ihr Kopf ift grüngrau;
die Augen find grüngelb; der Sauger ift braun; die
Schnauzen find grüngrau; die Fühler find oben
grüngrau, unten aber braun. Die Flügelgelenksdecken und der Rücken des Vorderleibs find
ockergelb und ftark grüngrau gefprengt. Die
Oberflügel find auf der obern Fläche glänzend-
bräunlich; ihren mittlern Raum nimmt ein, auf
der obern Hälfte trübröthliches, auf der untern
aber grüngraues, durchaus dunkel grüngrau begränztes, bandförmiges Feld ein, das fich, vom
Schwingrande quer bis an den Haarrand, zurückzieht; auf der Mitte diefes Feldes ift ein länglich-
rundes, rothbraunes, hell eingefafstes Fleckchen,
und drei ähnliche, die fich in die Grundfarbe
verlieren, find auf der obern Hälfte; der übrige, fowohl innere als äufsere, Raum zu beyden

---

* Naturforfcher VI Stück. t. 3. f. 6. D. Schäffers Abbildungen regenfpurgifcher Infecten. t. 101. f. 2. 3.

Seiten diefes Feldes ift mit ungleichen, der Grän-
ze des Feldes gleichlaufenden, Streifen angefüllt,
welche einwärts fehr fanft in die Grundfarbe ver-
flieſsen; auf den zwei äuſserſten diefer Streifen
ſtehen drei halbrunde braungoldene Flecken, ein
kleiner zeigt fich an der Ecke der Flügel, ein
gröſserer an der Mitte, beide ſtehen am Saumrande, und ein noch gröſserer ſtöſst am Haarrande an; der Saum ift grüngrau; die untere Fläche ift bräunlich, glänzend, und fchatticht geſtreift. Die Unterflügel find auf der obern
Fläche braungrauglänzend und dem Saumrande
zu dunkelfchatticht, der Saum ift hell, die untere Fläche aber ift bräunlichglänzend; die Bruſt
ift ockergelb, die Füſse und der Hinterleib find
bräunlich. Diefe niedliche Eule bekannt machen
zu können, hab ich der Güte des Herrn Lang's,
der fie mir, nebſt noch andern feltenen Schmet-
terlingen, welche er von einem feiner Freunde
aus Oeſterreich erhielt, abzubilden anvertraute,
zu danken.

BESCHREIBUNG
DER
PH. PYRALIS GUTTALIS.
mas.

I. Tafel, B.

Sie ift nicht fo groſs als die, ihr an Geſtalt glei-
che, Ph. Pyr. Urticalis * Ihr Kopf ift fchwarz, die
- * Röfels Infectenbeluftigung. 1. B. N. V. 4. Cl. t. 14. f. 3. 4.
D. Schäffers Abbild. regenfp. Infecten. t. 118. f. 1. 2.

Augen findgrüngelb, der Sauger ift braungelb, die
Schnauzen und die Fühler find ganz fchwarz.
Der Halskragen und die Flügelgelenksdecken find
fchwarz und weifs; der Vorderleib ift ganz fchwarz.
Die Flügel find auf beyden Flächen fchwarz und
weifs fleckicht, auf jedem Oberflügel ftehen auf dem
mittlen Raum drei ungleiche länglich runde und
in der Ecke ein kleines rundes Fleckchen; auf
den Unterflügeln aber ftehen nur auf jedem zwey
länglichrunde Flecken nebeneinander. Der Saum
der Flügel fcheint blos graufchwarz zu feyn.
Die Füfse find fchwarz; der Hinterleib ift fchwarz
und weifs geringelt. Aus der Wiener Gegend.

BESCHREIBUNG
DER
PH. TINEA COMBINELLA.
foem.
I. Tafel. C.

Die Befchreibung ihrer Gefchichte hängt noch
von fpätern Entdeckungen ab. Sie ift nicht fo grofs
als die, ihr fehr ähnlich geftaltete, Ph. Tin. Padella.*
Ihr Kopf und die Schnauzen find weifs, der Sauger ift
braungelb, die Augen find braun, die Fühler find
fchwarz und weifs wechfelnd; der Rücken des Vorderleibs ift glänzend filbergrau, und die Oberflügel
find auf der obern Fläche filberweifs und graufchatticht; am Saumrande fteht ein viereckichter,
goldener, braun eingefafster Fleck. Die Unter-

* Röf. 1. B. N. V. 4. Cl. t. 7. f. 5.

flügel find glänzend bleigrau. Die untere Fläche der Flügel, die Bruft, die Füfse und der Hinterleib find gelbgrau. Sie faugt gerne aus der Weiddornblüthe. Aus der Augsburgergegend. Selten.

NATURGESCHICHTE
DER
PH. TIN. PUSIELLA. *
I. Tafel. D. 1 - 4.

In jeder Geftalt ift fie ungefähr viermal fo grofs als die Ph. Tin. Evonymella **, und in ihrer Gefchichte hat fie fehr vieles mit ihr gemein, auch ift fie ihr in allen vier Geftalten beinahe gleich. Mehr als wahrfcheinlich ift es, dafs diefe Schmetterlinge, kurz nachdem fie auf dem Schauplatz der Natur in ihrer Vollkommenheit erfchienen find, fich miteinander begatten, und dafs das Weibchen bald darauf ihre Eier an ihre Nahrungspflanze fetze. Diefe ift gemeiniglich kleiner Meerhirfe, welcher auf fteinigtem Grunde in Vorwäldern und in Schlägen alle Jahre von der Wurzel frifch aufwächst, oder, doch fehr felten, die Neffel.

Die Eier * 1, werden zwar zerftreut, aber doch mehrere an einen Ort von ihrer Mutter und, wie ich zu glauben Anlafs habe, an die Keime der Pflanzen, welche im nachkommenden Jahr das Kraut werden, gefetzt; fie find länglichrund, gelb-

---

* D. *Sulzers* abgekürzte Gefchichte der Infecten. *t.*23. *f.* 9.

** Röf. 1. B. NV. 4. Cl. t. 8. f. 4. 5.

lichglänzend. Wie lange die jungen Raupen in den Eiern, nachdem fie gelegt worden, bleiben, bis fie den Deckel derfelben ausdrängen können, konnte ich noch nicht zuverläfsig erfahren.

Wann die Pflanzen fchon einen halben Fuſs hoch und auch darüber aufgewachfen, find die jungen Raupen noch faft unfichtbar. Gemeiniglich laffen fie fich oben unter den Blättern, jede befonders, in einem feinen, dünnen, weifsen Ge pinfte, oder auch am Fufse der Pflanze fehen. Sie häuten fich jedesmal in ihrem Gefpinfte, und nach jeder Abhäutung, die lezte ausgenommen, gehen fie aus demfelben heraus, und verfertigen fich fehr behende wiederum ein gröfseres; nur wann fie berührt werden, oder wann es fie hungert, gehen fie aus ihren Gefpinften heraus, und freffen die Blätter bis an die ftärkften Gerippe ganz auf; wann fie genöthiget werden ihre Stellen zu verlaffen, fpringen fie fehr hurtig davon, oder laffen fich an einem Faden herunter, auch legen fie fich in Ringe zu Boden. Befonders fällt es mir auf, daſs fie nicht von den Ameifen, welche fie häufig umgeben, getödtet und weggefchleppt werden; da fie doch von felbigen aufser dem Gefpinfte aufgerieben werden. Diefe Raupen * 2. a. b. find fchlank, ein wenig haaricht; ihr Kopf ift herzförmig, hornartig, fchwarz und weifs gezeichnet; der Leib, welcher aus zwölf Gelenken befteht, ift rund, weifs und grau geftreift; in ihrer Jugend find fie nur blaſs-

grau geftreift, nach jeder Abhäutung aber werden fie dunkler, und vor den letztern ganz graufchwarz. Die weifsen Streifen gehen, einer über
den Rücken und der zweyte zu beiden Seiten, über
die Luftlöcher her, die grauen nehmen den übrigen Raum am Leibe ein; auf jedem Gelenke, nur
das erfte, auf welchem blos an jeder Seite ein
fchwarzer Fleck ift, und das letzte, woran,
wie am After, blofe fchwarze Flecken find,
ausgenommen, ift auf jedem weifsen Streif ein
goldgelber Fleck; die Flecken auf dem Rücken-
ftreife haben in ihrer Mitte einen feinen, fchwarzen Punct, und find mit grofsen Puncten umringt;
die auf den Seitenftreifen aber haben ftatt des
Mittelpuncts die Luftlöcher, und find nicht ganz
mit folchen grofsen fchwarzen Puncten umgeben; der Bauch und die Füfse find hellgrau,
weifs und fchwarz punctirt, die Klauen der Füfse
am Vorderleibe find fchwarz, und die Hebeklappen der Füfse am Hinterleib find graulich; die
Haare find fchwarz.

Zur Zeit ihrer bevorftehenden Verwandlung in eine Puppe, machen fie an einen dür-
ren Stengel, oder in ein abgefallenes Laub ein
feines, dichtes, weifses, weckenförmiges Ge-
fpinft; * 3. a. In diefem Gefpinfte verwandeln
fie fich nach vier bis fünf Tagen. Wann
die Puppen aus der Raupenhaut fich heraus
gearbeitet haben, find fie nur braungelb, und
werden erft nach einiger Zeit, wann ihre

Schalen verhärtet find , braun. Nicht felten aber gefchiehet es , dafs aus den , in diefer Verwandlung begriffenen, Raupen eine Menge Ichneumonslarven * 3. c. d. herausdringen, die
ihre Verwandlung verhindern. Diefe Verwandlung gefchieht , wann das Kraut in der Blüthe
fteht. Die Puppen *3. b. find, die am After fte-
henden zwei hebeklappenförmigen Spitzen, ver-
mittelft welcher fie fich in ihrem Gefpinfte, wann
fie berührt werden, fehr gefchwinde hin und her
fchieben, und vielleicht auch durch diefe ftarke
Bewegung ihre Feinde abhalten einzudringen, ausgenommen, gemeinförmig. Einige Tage vor der
Erfcheinung der Schmetterlinge läfst fich ihre
Geftalt, Zeichnung und Farbe fehr leicht durch
die Hüllen durch erkennen. Weder an Raupen
noch an Puppen ift ein Gefchlechtskennzeichen zu
fehen. Meiftens erfcheinen die Schmetterlinge
dreifsig Tage nach der letztern Verwandlung.

Da die Raupen ihre Gefpinfte öfters fo nahe
aneinander fetzen, dafs deren Ende übereinan-
der gehen, fo gefchieht es, dafs, wann folche
nicht zuvor geöfnet werden, fie nicht aus denfelben heraus können, und darin fterben müfsen.
Das Männchen ift etwas kleiner als das Weibchen * 4; Geftalt, Zeichnung und Farben aber
find an beiden, den Hinterleib ausgenommen,
gleich. Beider Köpfe find weifs; die Augen find
fchwarzbraun, der Sauger ift gelbbraun; die Schnauzen find weifs und fchwarz geringelt; die Flügel-

gelenksdecken find weifs, auf jeder ftehet ein
fchwarzer Punct; der Vorderleib, auf deffen Rücken fünf fchwarze Puncte find, ift weifs; die
Füfse find weifs und fchwarz geringelt; die Oberflügel find auf der obern Fläche weifs; ihren mittlen Raum nimmt ein, aus verfchiedenen viereckig-
ten fchwarzen Flecken zufammenhangender, Streif
ein, der von der Lenkung an bis nahe an den mit
Puncten befetzten Saumrand geht; am Schwingrande find ein vierekichter Fleck und zwei Puncte,
welche gleichfalls fchwarz find ; der Saum ift
weifs, nur an der Ecke grau; die untere Fläche ift
glänzendgrau. Die Unterflügel find aufsen grau,
gegen den Afterrand zu aber weifs; der Saum ift
weifs, und bei den meiften an der Ecke grau; der
Hinterleib des Männchen ift dünn, und der des
Weibchens dicke, beide weifs, aber das nächfte Gelenk am After des letztern ift fchwarzfleckicht,
und der After gelb. Aus der Augsburgergegend.
Nicht felten.

BESCHREIBUNG

DER

PH, NOCT. AFFINIS,

mas.

I. Tafel. E.

Sie ift der Ph. Noct. Trapezina * an Gröfse, an
Geftalt und Zeichnung fehr ähnlich; ihr Kopf ift

* Knochs II. Stück. t. 3. f. 4.

blaſs rothbraun; die Augen ſind grün; der Sauger iſt
gelbbraun; die Schnauzen, die Fühler, der Halskragen, die Flügelgelenksdecken und der Rücken des
Vorderleibs ſind blaſsrothbraun; die obere Fläche der Oberflügel iſt auf der obern Hälfte rothbraun, auf der untern aber geht die Farbe faſt ins ro-
ſenrothe über ; am Schwingrande ſind verſchie-
dene groſse und kleine weiſse Flecken, davon
zwei der gröſſeſten in roſenfarbige Streifen übergehen, welche dieſe Flügel in drei Felder abtheilen ; auf dem mittlen Felde zieht ſich ein dunkler Streif an den Haarrand hinaus, mitten auf
dem äuſsern ein blaſsroſenrother Streif, und in
der Ecke, nahe am Saumrande, ſind zwei ſchwarze
Puncte ; der Saum iſt braun. Die Unterflügel
ſind auf der obern Fläche braungrau, und ihr
Saum iſt bräunlich; die Unterfläche der Oberflügel iſt am Schwingrande braunroth, gelblich
gefleckt; der mittlere Raum braungrau, am Haarrande gelblich, und gegen den Saumrand braunröthlich. Die Unterflügel ſind auf der untern Fläche bräunlich; auf ihrer Mitte iſt ein braunrothes
Fleckchen, und unter demſelben ein gleichfärbiger ſchattichter Streif. Bruſt und Füſse ſind ganz
röthlichbraun; die vorderſten Glieder der Füſse
aber weiſsgeringelt; der Hinterleib iſt ganz braungrau. Aus Herrn Lang's Sammlung. Sehr ſelten in
der Augsburgergegend.

BESCHREIBUNG
DER
Ph NOCT. FULVAGO.
mas.

I. Tafel. F.

Von der Geſchichte dieſer, der Ph. Noct. Oo*
ſo wohl an Gröſse und Geſtalt, als auch an Zeichnung faſt gleichen, Phaläne, iſt mir noch nichts zu-
verläſiges bekannt worden. Ihr Kopf iſt blaſs
ziegelroth; die Augen ſind gelbgrün, der Sauger
iſt gelbbraun; die Schnauzen und die Fühler, der
Halskragen, die Flügelgelenksdecken, der Rücken
des Vorderleibs und die obere Fläche der Oberflügel ſind blaſsziegelroth; letztere aber ſind auf dem
mittlen Raum blaſsbraunſchatticht, und mit ver-
ſchiedenen braunrothen Ringen, Wellenſtreifen
und Puncten gezeichnet; der Saum hingegen iſt
einfärbig blaſsziegelroth. Die Unterflügel ſind ziegelröthlich, auf der Mitte iſt ein ſchattichtes
Fleckchen und ein Wellenſtreif, der Saumrand
iſt etwas dunkler als die Grundfarbe, der Saum
iſt ganz hell. Die untere Fläche der Flügel iſt
ziegelröthlich, nur ſind die Ecken der Oberflügel
braun geſprengt, und auf der Mitte der Unterflügel iſt ein braunes Fleckchen; die Bruſt und
die Füſse ſind ganz blaſsziegelroth, und der Hinterleib iſt ziegelröthlich. Aus der Augsburgergegend. Selten. Auf Buchen zu finden.

* Röſ. 1. B. N. V. 2. Cl. t. 63. f. 4. f.

BESCHREIBUNG
DER
Ph. NOCT. OCTOGESIMEA.
mas.

I. Tafel. G.

Sehr viel ähnliches hat fie mit der bekannten
Ph. Noct. Flavicörnis* Ihre Gröfse und Geftalt ift
faft gleich, auch an Zeichung und Farben kommen
fie einander nahe; ihr Kopf ift gräulich, die Augen find braun, der Sauger ift braungelb, die
Schnauzen grau, und die Fühler find braungelb.
Der Rücken des Vorderleibs ift grau und dunckel-
gemengt. Die Oberflügel find grau, und auf der
obern Hälfte violetglänzend; auf dem mittlen
Raume ift ein blaulicher Fleck, der auf dem lin-
ken Flügel die Zahl 80 und auf dem rechten 08
vorzuftellen fcheint; übrigens find diefe Flügel
mit zwei fchwarzbraunen gebognen Streifen, welche diefen zahlförmigen Fleck einfchliefsen, und
mit verfchiedenen dunklen Wellenftreifen, die
fich alle, den Eckftreif ausgenommen, vom
Schwingrande herab auf den Haarrand ziehen,
gezeichnet; der Saum ift grau. Die Unterflügel
find hell und dunckelgraufchatticht, und ihr
Saum ift gräulich. Die untere Fläche aller Flügel ift hell und dunkelgrau gewäfsert. Die Bruft
ift röthlich; die Füfse find grau, an den vorder-
ften Gliedern weifsgeringelt, und der Hinterleib

* D. Gladbachs Befchr. neuer europ. Schmet. I. Th. t. 19.
f. 1. 2. 3.

ift ganz grau. Aus der Augsburgergegend; auf
Eichen;, aber felten.

NATURGESCHICHTE

DER

PH. TORTRIX CERASANA.

II. Tafel. H. 1 - 3.

Ohne Zweifel werden die Eier, woraus diefe
Phalänen entftehen, von ihren Müttern auf das
forgfältigfte an die Knofpen der Bäume befefti-
get, damit fie nicht fo leicht umkommen können, indem fie die ftrengfte Jahrszeit über an felbigen bleiben müffen, und alfo fehr leicht vom
Schnee oder Regen mitgenommen werden könnten. Die Raupen, welche daraus hervor kommen, wachfen mit dem neu ausfchlagenden Laube der Kirfchen - und Weichfelbäume, welches
ihre Speife ift, auf; wann die Blühte abgefallen,
find fie in ihrer vollkommnen Gröfse, *1. und
zu der letzten Abhäutung bereit. Ihre Gröfse in jeder Geftalt übertrift jene der Ph. Tort. Rofana.
Ihr Kopf ift herzförmig, und, wie der Rücken des
erftern Gelenks, hornartig und fchwarzbraun; der
Leib, welcher aus zwölf Gelenken zufammen hängt,
ift fchlank, ein wenig haaricht, und, das erfte-
Gelenk ausgenommen, fammt den Füfsen ganz
fchön grün; die Klauen der Vorderfüfse aber
find fchwarzbraun, und die Hebeklappen grün-

* Röf. 1. Th. N. V. 4. Cl. t. 2. f. 3. 4.

H.

1.

2. b.

3.

I.

2. c.

2. a.

L.

K.

M.

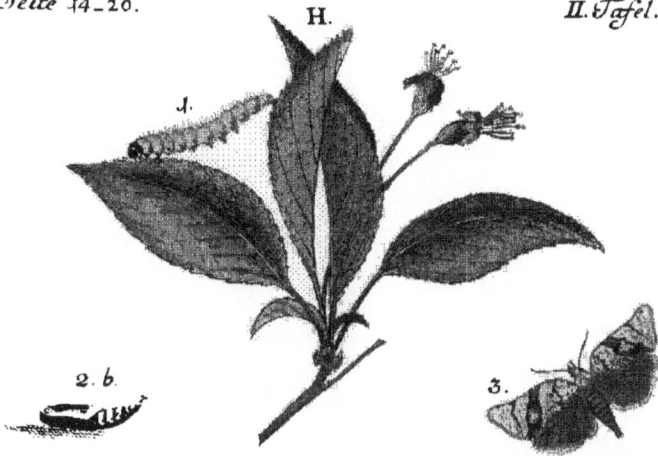

H. 1. 2. 3. Ph. Tort. Cerasana . I. Ph. Noct. Lunaris.
K. Ph. Pyr. Marginalis. L. Ph. Noct. Rutilago.
M. Ph. Noct. Ochracea.

grau , fie leben , jede für fich, in einem
Laube eingewickelt, welches mit einem feinen,
weitläuftigen, weifsen Gefpinfte zufammen gezo-
gen ift, auch ziehen fie mehreres Laub zufammen,
und wohnen dazwifchen; fie freffen dasfelbe durch,
und greifen felten eines von aufsen an; fie verwandeln fich auch zwifchen den Blättern in einem feinen, durchfichtigen, weifsen Gefpinfte
* 2 a. in Puppen. Diefe Puppen * 2. b find, bis an
die Afterfpize, * 2. c. welche eine beinahe anker-
förmige Geftalt hat, gemeinförmig, auf den
Flügelfcheiden und am Bauch überhaupt grün,
auf dem Rücken aber braun.

Funfzehn Tage nach der Verwandlung diefer
Raupen in Puppen kömmt die Phaläne * 3. aus
denfelben hervor. Ihr Kopf, die Fühler, die
Schnauzen und der Rücken des Vorderleibs find
hellgelbbraun ; die Oberflügel find aber auch
hellgelbbraun; auf ihrer Mitte ift ein Querband,
welches etwas dunckler als die Grundfarbe der
Flügel und fchwarzbraun begränzt ift; diefes
Querband zieht fich vom Schwingrande auswärts
dem Haarrande zu; ein ungleichlaufender Streif
ift nahe an der Lenkung, der gleichfalls, nebft
einem ganz kurzen Querftreif, welcher unweit der
Ecke am Schwingrande fteht, fchwarzbraun ift;
auf der innern Hälfte, längs am Haarrande her,
find diefe Flügel fehr ftark braun beftäubt, und
der Saum ift hellbraun. Die Unterflügel find

braungrau, und ihr Saum ift bräunlich. Auf
der untern Fläche find alle vier Flügel bräunlich,
jedoch nicht gleich ftark; die Oberflügel find
dunkler als die Unterflügel, und ihr mittler Raum
ift braungrau; der Hinterleib ift auf dem Rücken
braungrau, am Bauch aber bräunlich; die Bruft
und die Füfse find auch bräunlich. In der Augsburgergegend. Selten.

BESCHREIBUNG
DER
PH. NOCT. LUNARIS.
mas et foem.
2. Tafel. T.

Diefe Eule ift beynahe fo grofs als die Ph.
Maura, * und hat auch fehr viel ähnliches mit
ihr. Ihr Kopf ift braungrau und hell eingefafst; die Augen find rothbraun; die Schnauzen,
die Fühler und der Vorderleib find ganz braungrau; die Oberflügel find durch zwei gebogene
gelbe Streifen, welche vom Schwingrande an dem
Haarrande herabgezogen find, in drei Felder abgetheilt; das erfte und zweite diefer Felder find
heil und dunkelfchatticht, braungrau; auf er-
fterm ift nahe an der Lenkung ein fchwarzer Punct;
auf dem andern Felde ift ein dunkler, nierenförmiger, auf der innern Seite fchwarz eingefäfster
Fleck, und nicht weit hinter ihm ein fchwarzer

---

* Naturf. VI. St. t. 5. f, 1. D. Schäf. regenfp. Infect. t. 1.
f. 5. 6.

Punct; das dritte Feld dieser Flügel ist graubraun,
auf dessen Mitte zieht sich vom Schwingrande eine wellenförmige, gegen innen helle, auswärts
dunkle, Zeichnung an den Haarrand; nahe am
Saum, welcher braun ist, sind in einer Reihe
sieben schwarze Punkte. Die Unterflügel sind auf
der innern Hälfte braungrau, auf der aufsern aber
schwarzgrau, ein heller, bandförmiger Streif,
welcher vom Innerrande sich an den Afterrand
zieht, verhindert, dafs diese zwei Farben nicht
sanft ineinander übergehen; der Saum ist braun.
Die untere Fläche ist hellgraubraun, auf der
Mitte jedes Flügels ist ein brauner, mondförmiger
Fleck. Die Bruft, die Füfse und der Hinterleib
sind auch graubraun. Das Männchen unterschei-
det sich von dem Weibchen * blofs durch seine
Geschlechtsverschiedenheit. Diese Phaläne fliegt
bei Tag, wann die Eichen in der Blüthe ftehen,
läfst sich in hiefiger Gegend, aber nur selten, sehen.

BESCHREIBUNG
DER
PH. PYR. MARGINALIS.
mas et foem.
II. Tafel. K.

Sowohl an Gröfse als an Geftalt ist dieser
Zünsler der Ph. Tin. Carnella * vollkommen
gleich. Der Kopf, die Fühler, die Schnauzen,

* D. Sulz. abg. Gefch. der Inf. t. 23. f. 12. D. Schäff. Abb.
reg. Inf. t. 247. f. 2. 3. Naturf. III. St. t. x. f. 6.

der Vorderleib, die Füfse und die Oberflügel find
fchwarz, grünglänzend. Die Unterflügel find
braunfchwarz und ihr Saum ift goldgelb. Der Hinterleib des Männchen ift ganz braunfchwarz, der
des Weibchens * aber ift am After gelb; die untere Fläche aller vier Flügel, den goldgelben Saum
der Unterflügel ausgenommen, ift braunfchwarz.
Aus der Wienergegend.

BESCHREIBUNG
DER
PH. NOCT. RUTILAGO.
mas & foem.
II. Tafel. L.

Sie ift kleiner als die Ph. Noct. Fulvago, welche auf der I. Tafel F. vorgeftellt ift, und mit ihr
in genauer Verwandfchaft fteht. Das Männchen
ift faft wie das Weibchen*; beider Kopf ift hochgelb und rofenroth gemengt, die Augen find grüngelb, die Schnauzen und die Fühler hochgelb,
der Sauger ift braungelb; der Rücken des Vorderleibs ift hochgelb und rofenroth gemengt. Die
Oberflügel find an beiden auf der obern Fläche
in drei Felder abgetheilt, wovon das mittle, auf
welchem eine ring- und eine nierenförmige, trüb-
rothe Zeichnung fteht, bei dem Männchen hochgelb, bei dem Weibchen aber gelbroth ift; das
innere Feld, auf welchem an der Lenkung ein hoch-
gelber Fleck ift, wie auch das äufsere, worauf

an der Ecke der Flügel ein rothgelber Fleck befind-
lich, der sich in einen Wellenstreif verliert, ist trüb-
roth; der Saum ist hell und trübgelbrothscheckicht.
Die Unterflügel sind gelblich und rosenrothschat-
ticht; der Saum ist gelbröthlich. Die untere Fläche
der Flügel ist gelblich und auffen röthlichschatticht,
auf der Mitte der Unterflügel ist ein kleines röth-
liches Fleckchen; die Brust ist gelblich, die Füfse
sind rothgelb; der Hinterleib des Männchens ist
gelblich, des Weibchens aber rothgelblich. Aus
der Wienergegend.

BESCHREIBUNG
DER
PH. NOCT. OCHRACEA.
foem.
II. Tafel. M.

Beinahe ist diese Eule der Ph. Noct. Oo *,
sowohl an Gröfse und Gestalt, als auch an Zeichnung und Farben gleich; ihr Kopf, die Schnauzen, die Fühler und der Rücken des Vorderleibs
sind ockergelb; die Augen sind grün. Die Oberflügel sind auch ockergelb; nahe bei der Lenkung geht ein graubraunes Bändchen über die
Breite; auf dem mittlen Raum sind zwei braune
Ringe, und eine nierenförmige Zeichnung folgt
ihnen; darauf kömmt wieder ein Bändchen, das
dem Saum zu ins gelbbraune geht, an der Ecke
ist ein ockergelber Fleck, und der Saum ist hell-

* Rösels I. B. N. V. 2, Cl. t. 63. f. 4. 5.

graubraun. Die Unterflügel find gelbgrau und
fchatticht bandirt; der Saum ift hell. Die untere
Fläche der Flügel ift bräunlich und graufchatticht.
Die Bruft, und der Hinterleib, find trüb bräunlich grau; die Füfse aber ockergelb. Sie faugen
aus den Specklilien in der Abenddämmerung.
In der Augsburgergegend felten.

NATURGESCHICHTE
DES
PAPILIO ALSUS.
III. Tafel. N. 1 — 3.

An der Blüthe des grofsen Steinklees, welcher auf feuchtem, fandigtem Grunde alle Jahre
von der Wurzel frifch aufwächst, laffen fich die
Raupen * a. b. diefes Schmetterlings in Menge an-
treffen. Ihre Gröfse und Geftalt ift mit denen
des Pap. Argus faft gleich. Der Kopf ift fchwarzbraun, der Leib grün und auf dem zwölften Gelenke mit zwei weifsen, warzenförmigen Knöpfchen befetzt; mitten über den Rücken läuft, vom
zweiten bis auf das zehnte Gelenk, ein purpur-
brauner, zu beiden Seiten weifsbefetzter Streif,
welcher wieder mit einem gleichfärbigen, auf jedem Gelenke unterbrochenen, begränzt ift; ein
ähnlicher Streif zieht fich zu beiden Seiten über
die Luftlöcher her, welcher aber durch einen
weifsen gleichfam nach der Länge getheilt wird;
noch find auch zu beiden Seiten des Rückenftreifs
auf jedem Gelenke, vom zweiten bis zum elften,

kurze, schief abstehende, purpurbraune Streifen,
die Füfse sind ganz grün; die Klauen der Vorderfüfse schwarzbraun, die Hebeklappen der übrigen Füfse braungrün. Ihr Gang ist sehr träge,
und wann sie berührt werden, fallen sie zu Boden. ✳Die Blüthe, scheint es, ist ihnen zu ihrer
Speise viel angenehmer als das Kraut; sie sind
eben so mit ganzen Heeren Ameisen umgeben,
als wie die Raupen der Ph. Tin. Pusiella, diese
Ameisen scheinen sie, so lange sie an ihrer Nahrungspflanze sitzen, mehr vor andern Feinden zu
schützen, als umbringen zu wollen; sehr begreif-
lich aber ist es, dafs sie denselben, wegen ihrer sammt-
artigen Haut, nicht so leicht beikommen können. ✳

Wann sich die Raupen in Puppen verwandlen
wollen, überspinnen sie den dazu gewählten
Platz, befestigen sich mit dem After auf demselben und spinnen eine Schlinge zwischen dem
Vorder - und Hinterleib, welche sie über den
Rücken zu beiden Seiten fest machen. Sie bleiben vier bis fünf Tage ruhig und schwellen
während dieser Zeit sehr und so heftig auf,
dafs die Haut zerplazt, durch starke Bewegun-
gen von ihnen abgeht, und sie sich also in Puppen verwandeln.

Diese Puppen * 2. a. b. haben, so wohl an
Gröfse als an Gestalt und Farbe, nicht minder
als die Raupen, grofse Aehnlichkeit mit denen
des oben angezogenen Pap. Argus; anfänglich
sind sie grün, werden aber nach kurzer Zeit hell-

braun, und nach funfzehn bis zwanzig Tagen
kommen die Schmetterlinge aus felbigen hervor.

Das Männchen * z. a. b. ift von dem Weibchen
fehr verfchieden. Beide aber find gröfser als der
Pap. Argus, * welcher aufserdem in beiden Ge-
fchlechtern einerlei mit ihnen zu feyn fcheinet. Der
Kopf ift blau; die Schnauzen find blafsblau; die Augen find braun, mit einem weifsen Ring umgeben,
die Fühler fchwarz und weifs wechfelnd. Der Vor-
der- und Hinterleib find vollblau; alle vier Flügel
find vollblau und mit kleinen fchwarzen Flecken gerändet, und ihr Saum ift weifs. Die untere Fläche der Flügel ift hellgraublau, und von den Lenkungen an bis gegen die Mitte grünlich glänzend; auf
der Mitte jedes Flügels ift ein kleines, nierenförmiges, fchwarzes, weifs eingefafstes Fleckchen; nebft
diefem find auf jedem Oberflügel auf der aufsern
Hälfte fünf einfache Puncte, und ein doppelter,
auf jedem Unterflügel aber, auf dem innern Raume,
zehn einfache Puncte und ein gedoppelter zerftreut; alle diefe Puncte find fchwarz und weifs eingefafst. Nächft an dem Saumrande aller Flügel ift eine goldgelbe, weifs eingefafste, oft unterbroche-
ne, auf den Oberflügeln an beiden Enden verlofch-
ne, innen mit halbmondförmigen Fleckchen, aufsen
aber mit Puncten fchwarz bezeichnete Binde, welche auf den Unterflügeln viel breiter, und nirgend
verlofchen, fondern fehr fchön ift; fünfe von den

* Efper's Schmetterlinge in Abbildungen nach der Natur,
mit Befchreibungen. l. Tb. t. 20. f. 3. mas. 4. foem.

ſchwarzen Puncten ſind ſilbern und grünblaulich
glänzend ; der Saumrand iſt ſchwarzgrau, innen
ausgezackt; die Bruſt, der Bauch und die Füſse
ſind blaſsblau.

Das Weibchen * 3. c. d. iſt dem Männchen an
Farben ſehr ungleich. Der Kopf, wie auch der
Vorder - und Hinterleib, ſind auf dem Rücken
dunkelbraun, die Flügel ſind auch dunckelbraun,
aber von ihren Lenkungen an bis gegen die Mitte
vollblau beſtäubt; auch ſind auf den Oberflügeln
nächſt am Saumrande vier hellbraune, mit ſchwarzen Puncten gefüllte, halbmondförmige Fleckchen; auf den Unterflügeln iſt am Saumrande eine
Binde von fünf ſchwarzen, einfachen, groſsen,
innen mit goldgelben, auſsen aber mit fahlbrau-
nen, halbmondförmigen Flecken eingefaſsten Puncten und einem Doppelpuncte ; die untere Fläche iſt gelbgrau, und die goldgelbe Binde nirgend
verloſchen, ſondern viel breiter und vollfärbi-
ger, übrigens aber dem Männchen gleich. In der
Augsburgergegend nicht ſelten. ✕

BESCHREIBUNG
DER
PH. NOCT. COMMUNIMACULA.
mas.

III. Tafel. O.

Sie iſt nicht ſo groſs als die ihr ähnlich geſtaltete Ph. Noct. Glyphica *. Der Kopf und die

* Kleemann's Beiträge zur Natur- oder Inſectengeſchich-
te. t, 25. f. 7. 8.

Schnauzen find trübrofenroth; die Augen find braun; die Fühler bräunlich, der Oberleib und die Oberflügel rofenroth; der Schwingrand braunfcheckicht; am Haarrande gegen die Mitte des Flügels ift ein rothbrauner, weifs eingefafster Fleck; auf dem mitteln Raume der Flügel fteht ein kleiner, nierenförmiger, weifser Fleck; ein weifser, gebogner Streif zieht fich, in einiger Entfernung von dem Saumrande, vom Haarrande bis an die obere Ecke des Flügels, wo er fich unter einen braunen Streife verliert; das Feld zwifchen dem Saum und dem weifsen Streife ift trübrofenroth; der Saumrand famt dem Saum ift hellbraun. Die Unterflügel find trübröthlich und bräunlich eingefafst, und der Saum ift röthlich. Die untere Fläche aller vier Flügel, die Füfse und der Hinterleib haben gleiche Farbe mit den Unterflügeln. Aus der Wienergegend.

BESCHREIBUNG
DER
PH. GEOM. MACULATA. *
foem.
III. Tafel. P.

An Gröfse und Geftalt ift diefe Phaläne der Ph. Geom. Hortulata. * vollkommen gleich. Der Kopf und der Oberleib find graufchwarz; die Augen, die Fühler, die Schnauzen und alle vier Flügel find auf beiden Flächen weifs, mit graufchwar-

* D. Sulzer's Kennzeichen der Infecten, t. 16. f. 96.

zen, grofsen Flecken gezeichnet, oder gemahlt
und grau gefäumt; der Hinterleib ift ganz graufchwarz, und die Füfse find braungrau. In der
Augsburgergegend höchft felten.

BESCHREIBUNG
DER
PH. TIN. ANTHRACINELLA. *
mas & foem.

III. Tafel. Q.

Eine etwas befonders geftaltete Phaläne! **Des
Männchens*** wie des Weibchens Kopf ift goldgelb;
die Augen find braunroth; die Fühler des Männchens, welche einer Feder, und des Weibchens,
welche einem Faden gleichen, find fchwarz und
weifswechfelnd; die Schnauzen find ganz fchwarz,
aber die Schnauzenfpitzen fchwarz und weifswechslend; der Sauger ift braun. Der Vorderleib und die Flügelgelenksdecken find fammt-
fchwarz, auf jeder Flügelgelenksdecke ift ein
runder goldgelber Fleck die Oberflügel find auf
der obern Fläche, fammetfchwarz und weifsfleck-
icht, fo, dafs auf jeden mehr oder weniger als
zwanzig grofse und kleine, meiftens punctför-
mige Flecken find, die gröffeften davon ftehen
am Haarrande; der Saum ift fchwarz und weifswechfelnd. Die Unterflügel find meiftens ganz

* D. Sulz. abg. Gefch. der Inf. t. 23. f. 13. Ph. Tin.
Flüeslinella.

braunſchwarz, nur einige Männchen haben einen
weiſsen, etwas verloſchen ſcheinenden, runden
Fleck auf deren mittlen Raum; der Saum an des
Männchens Flügeln iſt braunſchwarz und weiſs-
wechslend, an des Weibchens aber ganz braunſchwarz. Die Unterfläche aller vier Flügel iſt
an beiden ſchwarzbraun und weiſsfleckicht,
wie auf der obern Fläche; an manchem Weibchen aber nur ſehr undeutlich. Beider Hinterleib iſt braunſchwarz und am After gelbbraun;
die Füſse ſind ſchwarz, und an den vordern Gliedern weiſsgeringelt. Aus der Augsburgergegend,
in Schlägen und Vorwäldern, etwas ſelten.

BESCHREIBUNG
DER
PH. ALUCITÆ DOCECADACTYLA.
mas.
IV. Tafel. R.

Dieſe Phaläne iſt beinahe ſo groſs als die Ph.
Pyr. Viridalis. * auch iſt ſie ſelbiger an Geſtalt
etwas ähnlich. Der Kopf, der Oberleib und die
Flügel, welche aus vier und zwanzig federähnlichen Theilen beſtehen, ſind gelbgraulich und grau-
ſcheckicht; die erſte Feder macht den Schwingrand der Oberflügel aus und iſt beſonders ſchön-
fleckicht gezeichnet; die übrigen fünf, welche
noch zu den Oberflügeln gehören, ſind nebſt denen ſechs, die an der Stelle der Unterflügel da
ſind, graulich und grau wechslend, und jede hat

* Schäff. Abb. reg. Inſ. t. 164. f. 45.

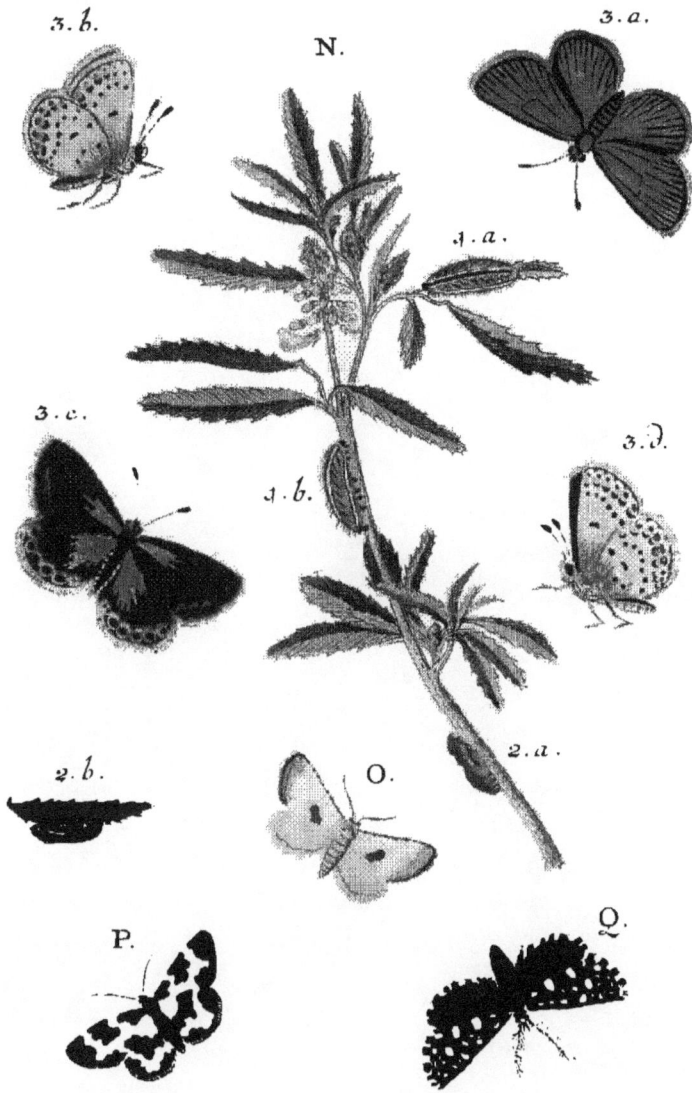

N. 1–3. Pap. Alsus. O. Ph. Noct. Comunimacula.
P. Ph. Geom. Maculata. Q. Ph. Tin. Anthracinella.

an ihrer Spitze einen fchwarzen Punct, welcher
ihnen das Anfehen eines Pfauenfchweifes im Kleinen giebt; die Füfse und der Hinterleib find bräunlich. In der Augsburgergegend felten.

BESCHREIBUNG
DER
PH. GEOM. SYLVESTRATA.
mas.
IV. Tafel. S.

Sie ift nicht fo grofs als die ihr faft gleich geftaltete
Ph. Geom. Veftalis. * Ihr Kopf und die Schnau-
zen find weifs; die Augen find rothbraun; die
Fühler find bräunlich; der Leib ift weifs; die
Flügel find auf der obern Fläche weifs, auf der
Mitte jedes Flügels ift ein fchwarzer Punct, am
Saumrande her find die Oberflügel ftark - die Un-
terflügel aber fchwach - weilenförmig - fchwarz-
beftäubt; die untere Fläche ift weifs, und jeder
Flügel hat auf der Mitte einen fchwarzen Punct.
Der Saum ift ganz weifs. In Wäldern nicht felten.
Aus der Augsburgergegend.

BESCHREIBUNG
DER
PH. BOMB. LUPULINA.
mas.
IV. Tafel. T.

Sehr nahe ift diefe Phalaene mit der Ph.
Bomb. Humuli ** verwandt, ihre Geftalt ift mit

---

* Naturf. XIII. Stück. t. 3. f. 7.
** D. Sulz. abg. Gefch. der Inf. t. 22. f. 1.

jener einerlei. Ihr Kopf ift ockergelb; die Augen find braun, die Fühler find braungelb; der Vorderleib ift ganz ockergelb; die Oberflügel find ockergelb, braunfchatticht, und mit blafsgoldenen oder gelblich fcheinenden Silberflecken verziert; die Unterflügel fchwarzgrau; der Saum aller Flügel ift trübockergelb. Die untere Fläche ift fehr trübfärbig; der Hinterleib ift braungelb; die Füfse find ockergelb, das letzte Paar derfelben ift ganz befonders geftaltet, fieht auch deswegen keinen Füfsen gleich. Aus der Gegend um Augsburg, in vermofsten Gegenden in und aufser Wäldern, nicht felten.

BESCHREIBUNG

DER

PH. ALUC. GALACTODACTYLA.

mas.

IV. Tafel. U.

Gleiche Gröfse und Geftalt hat fie mit der Ph. Aluc. Diptera.* Ihr Kopf, die Schnauzen und die Fühler find ockerbräunlich; die Augen braungrün; der Vorderleib und die Oberflügel find hellockerbraun und graulich gemengt, letztere find auf ihrem mittlen Raum an der Stelle, da fie gefpalten find, und auch am Saumrande fchwarz gezeichnet; der Saum ift graubräunlich. Die Unterflügel beftehen, jeder in drei federähnlichen Theilen, welche graubräunlich find, die

* Sulz. abg. Gefch. der Inf. t. 23. f. 19.

untere Fläche ift graubraun. Der Hinterleib ift
bräunlich und weifsgeftreift; die Füfse find bräunlich. In der Augsburgergegend, etwas felten.

BESCHREIBUNG
DER
PH. NOCT. UNITA.
mas & foem.
IV. Tafel. V.

Diefe Phaläne ift der Phal. Noct. Quadra *
fehr ähnlich. Zwifchen Männchen und Weibchen * ift kein andrer Unterfchied, als dem Ge-
fchlechte nach. Der Kopf, der Halskragen, die
Flügelgelenksdecken, der Vorderleib und die
obere Fläche der Oberflügel find gleichfärbig,
hochockergelb, und die Unterflügel find hellockergelb; die untere Fläche der Oberflügel ift ockergelb und graufchatticht, die Unterflügel aber find
auf beiden Flächen gleich; die Bruft, der Hinterleib, und die Füfse, find braungrau; der After
aber ift ockergelb. Nicht felten in Tannen-
wäldern. In der Gegend um Augsburg.

BESCHREIBUNG
DER
PH. TIN. CRIBRUMELLA.
mas & foem.
IV. Tafel W.

Ihre Gröfse übertrift jene der Ph. Tin. Perlella **; aber ihre Geftalten find einander gleich.

* D. Schäff. Abb. reg. Inf. t. 102. f. 1. 2.
** Knoch's Beitr. zur Infectengefch. I. St. t. 4. f. 6.

Der Kopf, die Fühler und die Schnauzen find
weiſs, die Augen ſchwarzbraun, der Vorderleib
iſt weiſs; die Oberflügel find auf der obern Fläche,
ſamt dem Saum, weiſs; am Schwingrande grau beſtäubt; auf ihrem innern Raum find zwölf groſse,
und am Saumrande ſechs kleine, ſchwarze Puncte; die Unterflügel find hell - und dunkelgrau-
ſchatticht, am Saumrande mit ſchwarzgrauen Puncten bezeichnet, und ihr Saum iſt weiſs; die
untere Fläche aller vier Flügel iſt trübgrau. Der
Hinterleib iſt weiſs und graugeringelt. Die Füſse aber find graulich und grau und weiſswechs-
lend. Aus der Gegend um Augsburg. Selten.

BESCHREIBUNG
DER
PH. GEOM. PENNARIA.
foem.
IV. Tafel. X.

Sie iſt an Gröſse und Geſtalt der Ph. Geom.
Elinguaria *, faſt gleich. Ihr Kopf iſt gelbbräunlich; ihre Augen find grünbraun; die Schnauzen
find braunroth; der Sauger iſt gelblich, und die
Fühler find halb weiſs, halb braunroth. Der Vorderleib iſt wie der Kopf. Die Oberflügel find auch
gelbbräunlich, am Saumrande röthlichſchatticht;
und ganz rothbraun beſtäubt; mitten über dieſe
Flügel gehen, vom Schwingrande quer an den
Haarrand herab, zwei faſt gerade, braunrothe,

---

* Röſ. Inſ. Bel. I. B. N. V. 3. Cl. t. 9. f. 5, 6.

einwärts verfliefsende, auswärts aber hellbräun-
lich gerändete Streifen, zwifchen welchen ein
braunrother Punct fteht; nicht weit von der Ecke
ift ein weifser, gegen innen braunroth umgebner
Fleck; der Saum ift hell braunroth. Die Unterflügel find braunröthlich, etwas dunkeler beftäubt;
von dem Unterrande geht ein, mit folcher Farbe
beftäubter, Streif an den Afterrand hin, über diefem ift ein gleichfärbiger Punct ; der Saum ift
bräunlich. Die untere Fläche ift faft der obern
gleich. Der Hinterleib ift gelbbräunlich, und die
Füfse find braunroth. Aus der Augsburgergegend.
Selten.

BESCHREIBUNG
DER
Ph. GEOM. LUCTUATA.
mas.
IV. Tafel. Y.

Viel kleiner ift diefe Phaläne, als die ihr faft
gleich geftaltete, ähnlich gezeichnete und gleichfärbige Ph. Geom. Haftata *. Sie ift auf beiden
Flächen, vom Kopf bis zu den Füfsen fchwarz
und weifswechslend; der Kopf, der Leib, die
Flügel, über welche drei eckichte Bänder gehen,
famt dem Saum und die Füfse find fchwarz und
weifs, fo, dafs auf dem fchwarzen meiftens etwas weifses, und auf dem weifsen immer etwas
fchwarzes zu fehen ift. Sie läfst fich in den Schlägen der Laubwälder hiefiger Gegend manchmal zu

---

* Kleemann's Beitr. zur Nat. oder Inf. Gefch. t. 44. f. 7. 8.

gleicher Zeit, wann sich die oben angezogene Phaläne zeigt, öfters aber später, und viel seltner,
sehen.

BESCHREIBUNG
DER
PH. BOMB. FLEXULA.
foem.
IV. Tafel. Z.

An Grüße ist sie der Ph. Bomb. Falcula* fast gleich,
an Gestalt aber hat sie viele Aehnlichkeit mit der
erst beschriebnen Ph. Geom. Pennaria. Ihr Kopf,
die Schnauzen, die Fühler und der Halskragen sind
braungrün; die Augen sind grün; der Sauger ist
braungelb; der Vorderleib und die Oberflügel sind
auf der obern Fläche hellröthlichgrau, und schwarz
bestäubt; über die Mitte gehen vom Schwingrande zwei bräunliche Streifen, welche in der obern
Hälfte einen Winkel machen, fast gerade in den
Haarrand herab; die Streifen sind auf grüngrau-
schattichtem Grunde, und zwischen ihnen stehen
zwei schwarze Puncte; dem Saumrande zu sind
diese Flügel braunrothschatticht; von der Ecke,
welche blaulich bestäubt ist, geht ein wellenförmiger, heller Streif gegen den Haarrand herab; am
Saumrande her sind sieben schwarze Puncte; der
Saum ist rothbraun. Die Unterflügel sind bräun-

---

* D. Schäff. Abb. reg. Inf. t. 64. f. 1. 2. Naturf. IX. St.
t. 1. f. 6. Esper's Schmett. in Abb. nach der Nat. mit Beschr.
III. Th. t. 73. f. 3. 4.

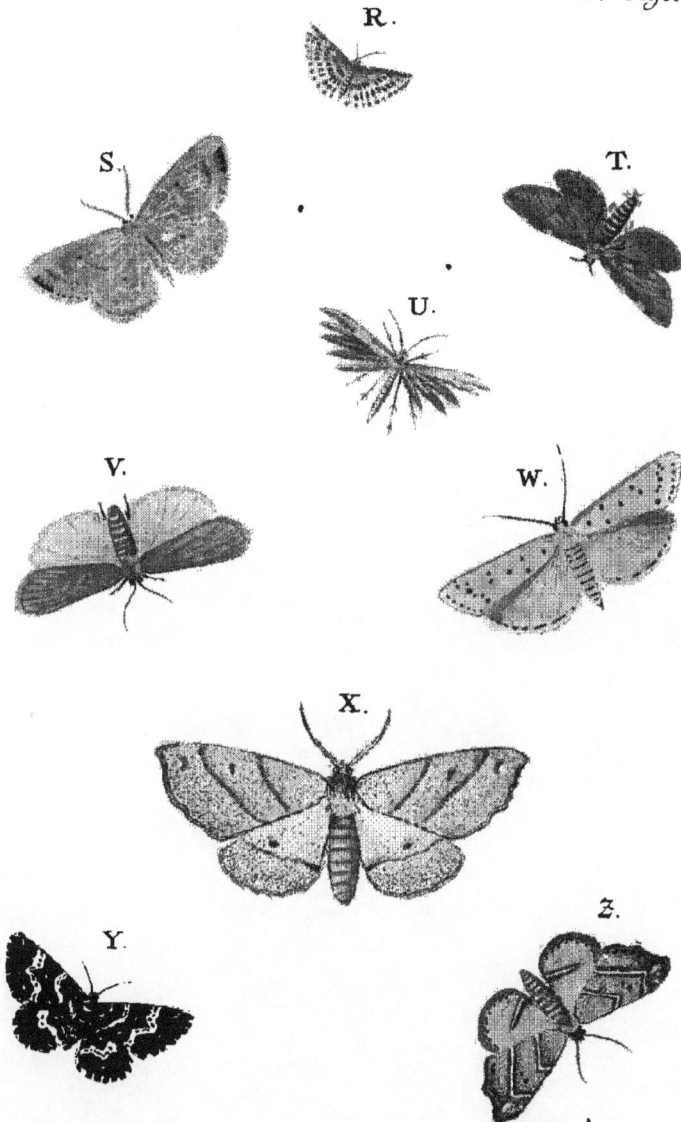

R. Ph. Aluc. Dodecadactyla. S. Ph. Geom. Sylvestrata.
T. Ph. Bomb. Lupulina. U. Ph. Aluc. Galactodactyla.
V. Ph. Noct. Unita. W. Ph. Tin. Cribrumella. X. Ph. Geom.
Penaria. Y. Ph. Geom. Luctuata. Z. Ph. Bomb. Flexula.

lichgrau und schwarz bestäubt, über ihre Mitte
geht auf starkbestäubtem Grunde ein bräunlicher
Streif ohnweit vom Unterrande bis an den Afterrand hin; unter diesem Streife ist ein anderer fast
unmerkbarer, wellenförmiger; der Saumrand ist
braunroth, an demselben stehen, wie auf den
Oberflügeln, sieben schwarze Puncte; der Saum ist
braun. Die untere Fläche aller vier Flügel ist bräunlich - und hellbraunrothschattcht, und schwarz bestäubt; auf jedes Flügels Mitte ist ein kleiner, halbmondförmiger, schwarzer Fleck; an allen vier
Flügeln sind am Saumrande her sieben schwarze
Puncte, wie auf der obern Fläche, der Saum aber
ist auf dieser Fläche braungrau. Der Hinterleib ist
bräunlichgrau und auch schwarz bestäubt, und die
Füfse sind grünbraun. In der Augsburgergegend
selten.

Inhalt.

Befchrei-

Inhalt.

BELTRÄGE
ZUR
GESCHICHTE
DER
SCHMETTERLINGE.
ZWEITER THEIL.

NATURGESCHICHTE

DER

PH. TORT. BETULANA.

I. Tafel A 1 - 3.

Die Phaläna hat mit der Ph. Tort Cerafana, welche im erften Theil diefer Beiträge auf der II Tafel, H 1 - 3. abgebildet ift, grofse Aehnlichkeit, und es bezieht fich folche nicht nur auf ihre Geftalt, fondern auch auf ihre Zeichnung und Farben. Ihre Gefchichte ift, in fo ferne fie mir bekannt wurde, jener beinahe gleich, die Nahrung aber diefer Phaläne ift das Laub junger Birken. An Gröfe übertrift fie ungefähr um die Hälfte jene angezogene, in jeder Geftalt. Die Raupe welche 1. vorgeftellt, ift halb fo grofs als eine ausgewachfene diefer Art; ihr Kopf ift herzförmig, und wie der Rücken des erften Gelenks, hornartig und fchwarzbraun, ihr Leib ift fo fchlank als wie bei ähnlichen Arten, jedes Gelenk, nur das erfte ausgenommen, ift mit kleinen weifsen Wärzchen, auf welchen lange Haare

ftehen, fehr regelmäfsig befetzt, über alle Gelenke ift er über den Rücken trüb graugrün, die
Seiten, der Bauch und die Füfse aber find blafs
gelbgrün, und die Klauen der Vorderfüfse find
wie der Kopf. Sie wohnt beftändig zwifchen
etlichem Laube, welches fie mit einem feinen
weifsen Gefpenfte 2 a zufammen verbunden hat,
auch verwandelt fie fich darinne fo bald fie fel-
biges inwendig dichter gemacht in eine Puppe.
Die Puppe 2 b ift zwar an fich felbft ganz ein-
förmig, ihre Gelenke aber haben das befondere,
dafs fie mit einem fägeförmigen Reif befezt find,
und dafs die Afterfpize drei Paar dörnerförmige
Spitzen an fich hat, ein Paar derfelben ftehet an
der Spitze gerade aus, die übrige zwei Paar aber
an der Seiten, an Farbe ift fie ganz braun.

Nachdem die Puppe fechzehn bis achtzehn
Tage alt ift, kommt die Phaläne aus derfelben
und durch das Gefpünfte heraus; ihr Kopf, die
Schnauzen, die Fühler und der Rücken des Vorderleibs find hellbraun, die Augen grün, und die
Bruft und auch die Füfse braunlicht; die Oberflügel find hellbraun und dunkelfprenglicht, auch
find fie dunkelbraunfleckicht und fchief, über
ihre Mitte etwas fchatticht, von ihrer obern
Fläche betrachtet, ihr Saum ift braun; die Unterflügel aber find auf der innern Hülfte braungrau, und auf der äufsern gelbraunlicht, ihr Saum
ift hellbraun ; die untere Fläche der Ober- und

Unterflügel ift braungelb, und von ihrenLenck-
ungen aus braungraufchatticht: der Hinterleib
ift auf dem Rücken braungrau, und am Bauche
braunlicht. Etwas felten in der Augsburgifchen
Gegend.

BESCHREIBUNG
DER
PH. NOCT. PAVONIA.
mas.

I. Tafel. B.

Sie ift nicht halb fo grofs als die Ph. Noct.
Hibou *, welche mit ihr der Geftalt nach gleich
zu fein fcheinet. Ihr Kopf, die Schnauzen und
die Fühler find dunkelbraun, der Halskragen
desgleichen, und fchwarzbraun gefäumt, auch
die Flügelgelenksdecken und der Rücken des
Vorderleibs find dunkel und fchwarzbraun wechslend; ihr Sauger ift braungelb, und ihre Augen
find grün. Alle vier Flügel find auf der obern
Fläche dunkelbraun, und fcheinen fchwarzbraun
gewäffert zu fein. Auf den Oberflügeln fteht
auf der innern Hälfte, dem Schwingrande nahe,
ein fehr fchöner runder, goldgelb mit braunfchat-
tichter und fchwarz auffen geringelter, inwendig aber fchwarz mit hellblau gezeichneten
pfauenfederfpiegelähnlicher Flecken auf der äuf-
fern Hälfte aber fchwingen fich vom Schwing-

* D. Sulz. abg. Gefch. der Inf. t. 22. f. 2.

rande herab und dem Saumrande zu, ein Paar
zuſammenhangende goldgelbe Flecken hinaus;
die Unterflügel ſind von ihrer Lenkung an bis
gegen der Mitte zu, dicht mit langen Haaren
bewachſen; der Saum, der Ober - wie der Unterflügel ſcheint etwas heller als die Flügel ſelbſt.
Die untere Fläche der Flügel iſt hellbraun, auf
den Oberflügeln zeigen ſich, auf der nämlichen
Stelle wo oben die goldgelbe Flecken ſind
vier gelbe Flecken, die Bruſt, die Füſse und der
Hinterleib ſind braun, vorleztere haben an den
vordern Gliedern, und leztere auf dem Rücken
des Hinterleibs einen ſtahlblauen Glanz. Dieſe
Eule möchte wohl in Europa vergebens aufge-
ſucht werden.

BESCHREIBUNG
DER
PH. GEOM. OBELISCATA.
foem.
I. Tafel. C.

Dieſe Phaläne iſt etwas gröſser als die ihr
ähnlich geſtaltete Ph. Geom. Pectinaria *. Ihr
Kopf, die Schnauzen und die Fühler ſind hell-
rehebraun; die Augen grüngelb; der Rücken
des Vorderleibs iſt rehbraun, die Oberflügel auch,
aber hell, mitten auf denſelben geht vom Schwingrande an den Haarrand ein eckichtes oben brei-

* Knochs Beitr. zur Inſgeſch. 1. St. t. 3. f. 10.

tes, unten aber ſchmal auslaufendes braunes Band
herab, auch nimmt ein faſt gleichförmiges, gleichfärbiges Band in den gröſten Theil des Raumes
zwiſchen erſterm Bande und dem Leibe ein; an
der Ecke iſt ein kurzer ſchwarzgrauer Streif, welcher aufwärts ſehr licht, und abwärts etwas
ſchatticht iſt, am Saumrande her aber ſind grau-
lichte halbrunde Flecken, welche in die Grundfarbe übergehen, und ſchwarzgraue Puncten,
welche erwähnte Fleckchen begränzen; zwiſchen der Ecke und dem mitteln Bande am Haarrande her, iſt ein mehr graulich als rehbräunli-
cher Fleck, welcher ſich ganz unvermerkt in
die Grundfarbe verliert, auch ſcheinen die Adern
graulich zu ſein, der Saum iſt hellrehbraun. Die
Unterflügel ſind von ihren Lenkungen an bis
gegen der Mitte hellgraubraun, von der Mitte
aber an bis an den Saum nur blaſsfärbig, der
Saumrand iſt mit grauen Puncten beſezt, der
Saum iſt hellgraubraun, die untere Fläche kommt
mit der obern in einiger Rückſicht überein, ſie
iſt aber viel bläſſer, und hat weniger Zeichnung.
Die Bruſt, die Füſse und der Hinterleib ſind blaſs-
graubraun, vorlezt ereſind an den vordern Gelenken graugeringelt. In der Gegend um Augsburg
ſehr ſelten.

BESCHREIBUNG
DER
Ph. Geom. Punctularia.
mas et foem.
I. Tafel. D.

An Gröfse übertrift diefe Phaläne, jene ihr ähnlich geftaltete Ph. Geom. Wauaria *. Ihr Kopf, den Sauger welcher gelbbraun, und die Augen welche gelbgrün allein ausgefondert, der Leib, die Flügel und die Füfse find graulich, und auf der obern Fläche fchwarzgrau, auf der untern aber braungrau befprengt; über diefs aber find die Flügel auf der Mitte mit einem graufchwarzen länglichen Punct und mit verfchiedenen wellenförmigen, fchwarzgrauen, oft unterbrochenen Zeichnungen bezeichnet ; der Saumrand aller vier Flügel ift fchwarzgrau und hellgraulich wechslend, und der Saum ift trübweis und braungrau wehslend, die untere Fläche ftimmt in Anfehung der Zeichnungen mit der obern gröfstentheils überein. Sie ift nicht felten in der Augsburger Gegend.

BESCHREIBUNG
DER
PH. NOCT. MACULARIS.
foem.
II. Tafel. E.

Diefe Eule ift viel gröfser als die ihr etwas

* Röf. Inf. Bel. I. B. N. V. 3. ll. t. 4.

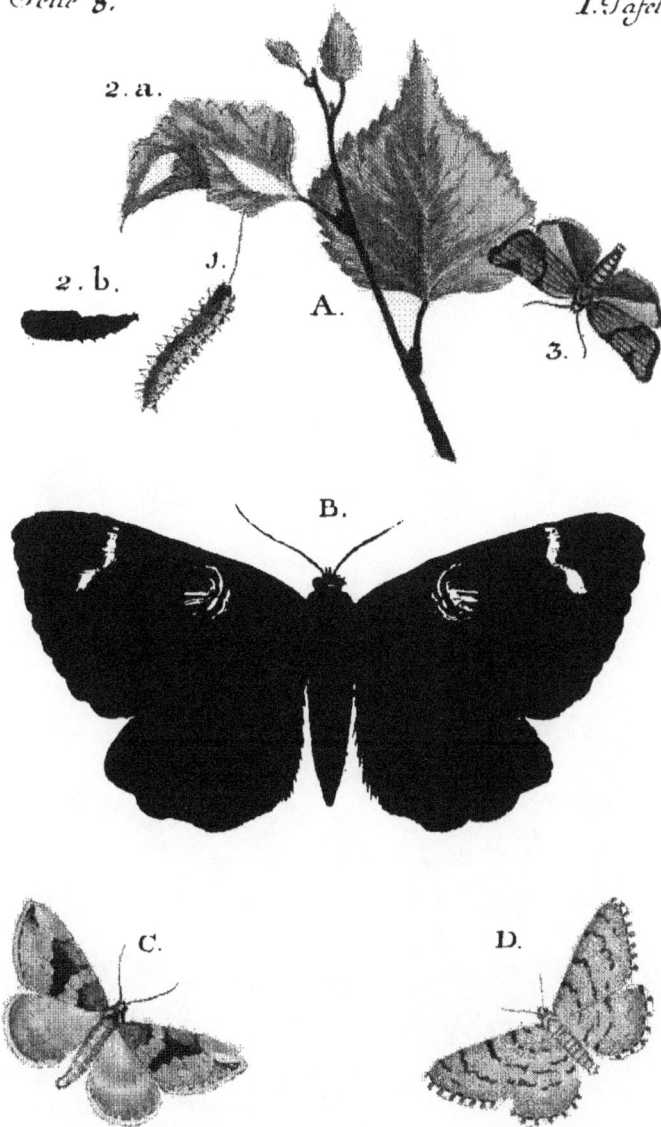

2. a.

2. b.   1.

A.

3.

B.

C.   D.

A . 1–3. Ph. Tort. Betulana . B. Ph. Noct. Pavonia .
C. Ph. Geom . Obeliscata . D. Ph. Geom . Punctularia .

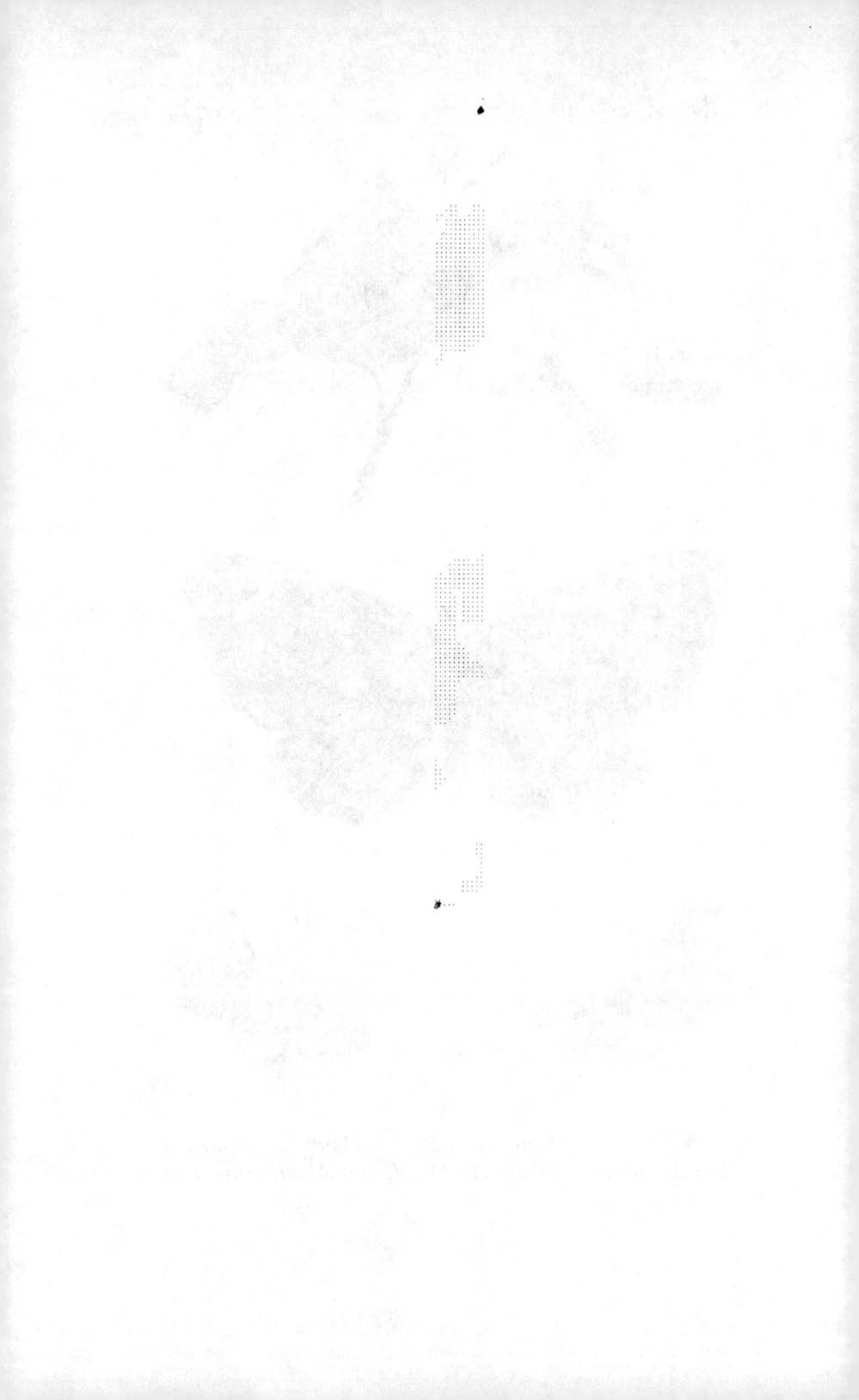

ähnlich geftaltete Ph. Noct. Glyphica. * Ihr
Kopf und die Schnauzen find violet grau, die
Augen find grün, die Fühler fchwartz. Der
Vorderleib ift hellvioletgrau, und mit Dunkel gemengt, auch die obere Fläche der Oberflügel ift
hellvioletgrau, und gegen dem Saume zu mehr
und mehr dunkel gemengt, fo dafs am Saume her
nichts helles zu fehen bleibt, auf dem mitlen
Raume diefer Flügel ift ein grofser, eckichter vio-
letbrauner Fleck, welcher am Schwingrande
fteht, und über Dreiviertheile der Breite von felbigen einnimmt, der Saum ift violetgrau. Die
Unterflügel find auf der obern Fläche goldgelb,
und am Saume her dunkelvioletgrau eingefafst,
der Saum aber ift hellvioletgrau. Die untere
Fläche der Oberflügel ift trübgrau, und die Unterflügel blafsgelb. Die Bruft und die Füfse find
wie der Vorderleib, der Hinterleib aber ift goldgelb und fchwarzfleckicht. Das Vaterland diefer
Eule ift mir nicht bewufst. Sie ift aus Herrn
Langs Sammlung.

BESCHREIBUNG
DER
PH. NOCT. ARGENTULA.
foem.
II. Tafel. F.

Die Gröfse diefer Eule übertrift jene der P.

* Kleem, Beitr. t. 25.

P. Noct. Sulphurea *, fehr merkbar, an Geftalt
aber find diefe zwei Eulen einander beinahe gleich.
Ihr Kopf ift weis und olivenfärbig, die Schnauzen find ganz olifenfärbig, die Fühler find braun,
die Augen grün; der Sauger ift braungelb; der
Halskragen ift goldgelb, weis und olivengrün
eingefafst; die Flügelgelenksdecken find olivenfärbig und weisgefleckt, und der Rücken des Vorderleibs ift ganz olivengrün. Die Oberflügel find
auf der obern Fläche olivengrün und filberweis
geftreift: Die Streifen ftehen, ein ganz kleiner
an der Lenkung, zwei grofse auf der Mitte, wovon der erfte auswärts zwei Zacken, und der
zweite einwärts einen runden Fleck an fich hat,
diefe beide ziehen fich von einem Rande zum andern quer über die Flügel, noch ein kleiner ift
nächft an der Ecke, und am Saumrande zeigt fich
ein mittelmäfsiger, zwifchen welchen und dem
Saume die Grundfarbe ganz blafs ift. Der Saum
ift grau. Auf der untern Fläche find diefe Flügel trübgrau, und haben ganz kleine bräunliche
Flecken, welche die Stelle der weiffen Streiffen
zum Theil einnehmen. Die Unterflügel find grau
auf ihrer obern Fläche, und haben in einiger
Entfernung vom Saume am Saumrande her einen hellgrauen Zug; Der Saum ift graulicht. Ihre
Unterfläche ift graulich, mit einem grauen Punct
in der Mitte bezeichnet, und ganz bräulich be-

* D. Schäff. Abb. reg. Inf. t. 9. f. 14. 15.

ftäubt. Die Bruft, die Füfse und der Hinterleib
find hellbraungrau. In der Augsburger Gegend
felten.

BESCHREIBUNG
DER
PH. NOCT. PURPURINA.
mas et foem.
II. Tafel. G.

Sowohl an Gröfse als an Geftalt ift diefe Eule von der ihr an Farben fehr ähnlichen Ph. Noct.
Delphinii * ganz verfchieden. Ihr Kopf und die
Schnauzen find hellgelb, der Sauger ift gelbbraun-
lich; die Augen find grün; die Fühler find hellbraun. Der Halskragen ift braungelb, die Flügelgelenksdecken und der Rücken des Vorderleibs find hellgelb. Die Oberfiügel find von ihrer Lenkung an, bis beinahe zur Hälfte, hellgelb, und mit braungelb gewäffert, übrigens aber
ganz rofenroth, heller und dunkler als die Grundfarbe gewäffert, und ein wenig weisfprenglicht;
der Saumrand ift dunkelrofenroth, und der
Saum hell. Auf der Unterfläche find fie nur an
der Ecke ein wenig rofenroth, übrigens aber
ganz braungrau. Die Unterfiügel find auf der
obern Fläche ganz braunlichgrau und hellgrau-
gefäumt, auf der untern aber gelbgraulich mit
rofenroth gemengt, und der Saum ift auf diefer

* Röf. Inf. Bel. 1. B. N. V. 2. ll. t. 12.

Fläche an allen vier Flügeln hellgrau. Die Bruſt
iſt gelblich; die Füſse braunlich und roſenroth,
und der Hinterleib braungrau. Aus der Wienergegend, aus der ſchönen Sammlung Sr. Hochehr-
würden des Herrn Schlemmers, * Capellan am
k. k. Hofe zu Wien.

BESCHREIBUNG
DER
PH. NOCT. FASCIA.
foem.
II. Tafel. H.

Beinahe iſt ſie ſo grofs, als die ihr ſehr ähnliche
Ph. Noct. Lunaris, welche auf der II Tafel des
erſten Theils 1. abgebildet iſt. Ihr Kopf, die
Schnauzen und die Fühler ſind gelbgrau: die Augen ſind grün ; der Halskragen und der ganze
Rücken des Vorderleibs ſind gelbgrau und braungrau gemengt. Die Oberflügel ſind auf der obern
Fläche gelbgrau und braunſchatticht bandirt; den
mitlen Raum derſelben ſcheinen zwei auswärts-
laufende Bänder, welche auswärts dunkelbraun
wellenförmig begränzt, und wie oben ſchon ge-
meldt, einwärts von etlichen hellern Nüamen
ſchattirt, auſſer dieſen Bändern zeigen ſich noch
am Saumrande her ſieben kleine ſchwarze Puncten, der Saum iſt hellbraun. Die Unterflügel
ſind braungrauſchwarz, haben über ihre Mitte

* Röf. Inf. Bel. 1. B. N. V. 2. II. t. 12.

ein weifses Band, und am Saumrande drei weifse
ungleichförmige Flecken, der Saum ift hellbraun
und weifs. Die Unterfläche ift dunkel braungrau
und blafsgelb, mit obiger Fläche etwas übereinftimmend bandirt und gefleckt. Die Bruft, die
Füfse und der Hinterleib find gelbgrau. Das Vaterland diefer Eule ift mir unbekannt; vermuthlich ift es Indien.

BESCHREIBUNG
DER
PH. GEOM. STRIGILLARIA.
mas.
II. Tafel. F.

Diefe Phaläna hat nicht nur in Anfehung der
Gröfse fondern vielmehr in Anfehung ihrer Geftalt und Zeichnung grofse Aehnlichkeit, mit der
Ph. Geom. Prunaria. * Aber in Anfehung ihrer
Farbe ift fie von jener fehr verfchieden, denn
die Grundfarbe diefer Phaläne ift fchmuzig weifs
und mit unzählbaren biasbraunen Sprengeln überftreut; die Oberflügel haben vier Bänder und die
Unterflügel drei dergleichen, welche blos aus einer Menge folcher Sprengeln beftehen, auf beiden Flächen; die untere Fläche der Oberflügel ift
gelbgrau, und die der Unterflügel fchmuzig weifs,
auclf bemerkt man auf jeden Flügel auf der untern Fläche in der Mitte einen fchwarzen Punct.
Nicht felten in der Gegend um Augsburg; Das

* D. Schäff. Abb. reg. Inf. t. 17. f. 2. 3.

Weibchen diefer Phaläna ift mir aber noch unbekannt.

BESCHREIBUNG

DER

PH. GEOM. BOMBYCATA.

foem.

II. Tafel. K.

Sie ift nicht fo grofs als die Ph. Geom. Pla-
giata *, und an Geftalt ift fie felbiger fehr ähnlich. Ihr Kopf, die Schnauzen und die Fühler
find gelbgrau, die Augen find grün, und der Sauger ift braun. Der Vorderleib ift weisgrau, und
braun gemengt; die Oberflügel wechslen, mit grau
und braungelb bänderweifs in ihren Farben ab.
Nämlich von der Lenkung der Oberflügel etwas
entfernt, ift ein gelbgrauliches eckichtes Band,
welches auf beyden Seiten braungelb mit braun
gezeichnet, eingefafst ift, diefem folgt ein weis-
graues und darauf ein braungelbes mit braun fcha-
diertes Band. Auffer lezterm Bande ift der noch
übrige Raum braungrau, über die Mitte diefes
Raums ift ein weisgrauer Wellenftrich; an der
Ecke diefer Flügel ift ein fchwarzer undeutlicher
Strich, auch ze'gen fich auf dem braungelben
Bande am Sewingrande ein Paar kleine fchwarze
Fleckchen; der Saumrand ift ganz mit fchwarzen
Strichen eingefaft, und der Saum ift braungrau-

* D. Schaff. Abb. regenfp. Inf. t. 12. f. 1. 2.

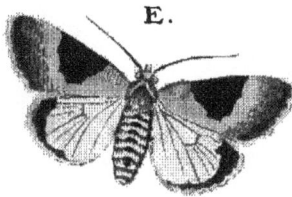

E. *Ph. Noct. Macularis.* F. *Ph. Noct. Argentula.* G. *Ph. Noct. Purpurina.* H. *Ph. Noct. Fascia.* I. *Ph. Geom. Strigillaria.* K. *Ph. Geom. Bombycata.*

lich. Die Unterflügel find ganz gelbgrau, dem
Rande zu am dunkelften, ihr Saum aber ift hell.
Die untere Fläche aller vier Flügel ift braungrau,
nur find die Unterflügel nicht fo dunkel als die
Oberflügel, und in Rückficht auf ihre Zeichnung
ftimmt diefe Fläche, doch nur durch Schatten,
mit der obern etwas überein. Die Bruft, die
Füfse und der Hinterleib find braungrau. In der
Augsburger Gegend fehr felten.

BESCHREIBUNG
DER
PH. GEOM. UNICOLORATA. *
foem.
III. Tafel. L.

Diefe Phaläne ift viel kleiner als die ihr ähnlich geftaltete Ph. Geom. Maculata, welche im
1ten Theil auf der III Tafel P. abgebildet zu fehen. Die ganze Phaläne, nur die Augen, welche
braungrün find, und der Sauger, welcher braun
ift, ausgenommen ift, auf der obern Fläche roth-
braungrau, nur ift zu merken dafs der Saum aller
vier Flügel, und dafs die Unterflügel von ihrer
Lenkung aus, etwas heller find als die übrige
Theile derfelben. Die untere Fläche der Flügel
ift etwas bläffer als die obere. Die Füfse aber
und der Bauch find gelbgrau. Nicht felten in
hiefiger Gegend.

* D. Schäff. Abb. reg. Inf. t. 164. f. 7.

BESCHREIBUNG
DER
PH. TORT. BIFASCIANA.
foem.
III. Tafel. M.

Sie hat mit der Ph. Tort. Pomoana * an Gröfse
und Geftalat nicht viel unähnliches. Ihr Kopf,
die Schnauzen, der Rücken des Vorderleibs und
die Oberflügel find auf der obern Fläche hoch-
golbgelb, oder beinahe oraniengelb; leztere haben zwei fchwarzftaubichte Bänder, welche durch
mehrere ftahlblauglänzende ftarke Puncte erhöht
find. Eins diefer Bänder geht über die Mitte der
Flügel, und das andere ift nächft am Saumrande;
der Saum ift goldgelb. Die Unterflügel find auf
der obern Fläche, fo wie alle vier Flügel, auf der
untern, braunfchwarz und goldgelb gefaumt. Ihre
Augen find fchwarzgrün, die Fühler find braun,
die Bruft ift braunfchwarz; die Füfse find goldgelb und fchwarzfprenglich, und der Hinterleib ift
dem After ausgefchlofsen, welcher auch goldgelb
ift, ganz braunfchwarz. Läfst fich in der Gegend
um Augsburg felten fehen.

BESCHREIBUNG
DER
PH. TORT. HARTMANNIANA.
III. Tafel. N.

Diefe Phaläne ift nicht fo grofs als die ihr
ähnlich geftaltete Ph. Tin. Atomana. * Ihr Kopf,

* Röf. Inf. Bel. 1 B. N. V, 4. 11, t. 13.

die Schnauzen und die Fühler find braungelb und
braunfleckicht; die Augen find fchwarzgrün.
Die Flügelgelenksdecken find braungelb, und
braungefleckt, der Rücken des Vorderleibs aber
ift ganz braun. Die obere Fläche der Oberflügel ift trübgelb, mit braunen Bandflecken auf
der Mitte, und mit gleichfarbigen verfchie(d)nen
Flecken bezeichnet; alle diefe Flecken find mit
zufammenhangenden filberglänzenden Puncten
umgeben; der Saum ift glänzendhellbraun. Die
Unterflügel find auf diefer Fläche grau und graulich gefäumt. Die untere Fläche der Oberflügel
ift dunkelgrau, und fchimmert braunlich; die der
Unterflügel aber ift hellgrau. Die Bruft, die
Füfse und der Hinterleib find dunkelgrau und
braunlich geringelt. In der Augsburger Gegend
nicht felten auf freien Pläzen in Laubwäldern.

* Knochs Britr. III. St. t. 6. f. 2.

BESCHREIBUNG
DER
PH. NOCT. UMBRA.
foem.
III. Tafel. O.

Sie ift beinahe fo grofs als die ihr ähnliche
Ph. Noct. Pyramidea. * Ihr Kopf, die Schnauzen und die Fühler find blafsbraunroth; die Augen find grünbraun; der Sauger ift hellbraun; der

* Röfs. Inf. Bel. 1. B. n. V. 2. ll. t. 11. f. 4.5.

Halskragen ift blafsbraunroth und fchwarzbraungrau gezeichnet; der Vorderleib ift ganz fchwarzbraungrau. Die Oberflügel find auf der obern
Fläche am Schwingrande hin blafsbraunroth,
übrigens aber ganz fchwarzbraungrau; auf ihrer Mitte zeiget fich ein runder und ein nierenförmiger fchwarzgezeichneter Fleck; aufser diefen Flecken ift ein heller Wellenftreif, auch zeigen fich noch verfchiedene Zackenftreife, welche
dunkler als die Grundfarbe find; am Saumrande
her ftehen fiben fehr kleine helle Püncktchen,
und der Saum ift braungrau. Die Unterflügel
find fchwarzgrau, und glänzen braunröthlich;
ihr Saum aber ift trübbraunlich und fchwarzbraun befprengt. Die untere Fläche der Oberflügel ift fchwarzgrau, und etwas dunkler gewäffert, die Unterflügel aber find hellbraungrau,
und auch dunkler gewäffert, auf der Mitte aber
haben diefe ein dunkles Fleckchen. Die Fufse
find fchwarzgraubraun, und braunlich geringelt.
Die Bruft und der Hinterleib find fchwarzgrau,
und fchimmern braunlich. In der Gegend um
Augsburg fehr felten.

BESCHREIBUNG
DER
PH. TORT. ARCUANA.
mas.
III. Tafel. P.
An gröfse und Geftalt ift fie mit der Ph. Tort.

Pomonana * faſt gleich. Der Kopf iſt hochockergelb; die Augen ſind grünbraun, die Schnauzen
ſind oben graubraun, unten braunlich; die Fühler ſind ſchwarz. Der Vorderleib iſt hochoker-
gelb und graubraun gemengt. Die Oberflügel ſind
auf der obern Fläche hochockergelb, mit ver-
ſchiedenen bleiglänzenden gebogenen Streifen
bezeichnet, deſſen Grundfarbe iſt gelblich, in der
obern Hälfte graulich ſchatticht, und ſehr fein
ſchwarz geſtrichelt, in der untern Hälfte ſind auf
hochockergelbem und ſchwarzfleckichtem Grunde vier bleiglänzende Puncten, und der noch übrige Reſt iſt gelblich, und ſehr fein ſchwarzgegittert;
der Saum iſt braunſchwarz, und der Schwingrand
iſt gelblich und ſchwarz grau bunt. Die Unterflügel ſind ganz braunſchwarzgrau, und ihr Saum iſt
graulich. Die untere Fläche aller Flügel iſt braungrauſchwarz, nur der Schwingrand iſt blaſsbunt;
die Bruſt und der Hinterleib ſind braunſchwarz
grau, die Füſse aber hellbraungrau. In der Augsburger Gegend nicht ſehr ſelten.

BESCHREIBUNG
DER
PH. TORT. LECHEANA.
foem.

III. Tafel. Q.

Dieſer Wickler iſt etwas gröſser als die oben
beſchriebene Ph. Tort. Arcuana, an Geſtalt aber

* Roſ. Inſ. Bel. 1. B. N. V. 4. ll, t. 13.

find fie einander fehr ähnlich. Der Kopf und
die Schnauzen find gelbbraun, der Sauger braunlich, die Fühler fchwarz, und die Augen grünbraun. Der Vorderleib und die Oberflügel find
auf der obern Fläche gelbbraun und fchwarz gemengt; auf lezteren find drei ungleiche gebogene
Streifen, welche wie Blei glänzen, auch der
Saumrand ift bleiglänzend, der Saum aber ift
gelbraun. Die Unterflügel find fchwarzgrau, und
ihr Saum ift braunlich. Die untere Fläche fo
wohl der Ober - als Unterflügel ift grau. Die
Bruft, die Füfse und der Hinterleib find fchwarz
grau. In der Augsburger Gegend nicht felten.
Die Raupen, woraus diefe Phalänen entftehen,
wohnen zwifchen oder in Bufcheichenlaub, von
demfelben nähren fie fich.

BESCHREIBUNG
DER
PH. NOCT. CULTA. *
mas.

III. Tafel. R.

Diefe Eule ift nicht fo grofs als die ihr ähnliche Ph. Noct. Runica. ** Ihr Kopf und die
Schnauzen find weifs und fchwarz, die Augen
find braunroth; die Fühler find weifs und braungrau; der Sauger ift hellbraun; der Halskragen

* Naturf. XIII. St. t. 3. f. 4. a. b. Modefta.
** Rof. Inf. Bel. 3. B. t. 39. f. 4.

und der Rücken des Vorderleibs find weifs braungrau und fchwarz gezeichnet. Die Oberflügel
find auf der obern Fläche braungrau und blaulich fchimmernd, auf ihrer Mitte ift ein weifser
befonder geftalteter Fleck, welcher fchwarz gezeichnet, und in ihm eine nierenförmige Zeichnung führt; nicht weit von diefem ift noch ein
ähnlicher in welchem ein Ringchen und ein Drei-
eck daneben gezeichnet ift; der übrige Raum diefer Flügel ift mit vielen fchwarzen blaulichen und
weifsen Fleckchen, mit wellenftreifen und dergleichen angefüllt; der Saum ift weifs und fchwarz
gezeichnet. Die Unterflügel find blaulich und
graulich, und am Saumrande her hellgrau; nahe
am Afterrande ift ein beynahe Ausrufungszei-
chenförmiges Zeichen, und der Saumrand ift unterbrochen fchwarz gezeichnet, der Saum aber ift
weifs. Die Unterfläche der Oberflügel ift grau und
dunkelgewäffert, die der Unterflügel aber ift weifs
und hellgraugewäffert. Die Bruft und der Hinterleib find graulich, die Füfse find weifs, grau
und fchwarzbund. Aus der Wiener Gegend.

BESCHREIBUNG
DER
PH. GEOM. SANGUINARIA. *
mas et foem.
III. Tafel. S.
Sie ift gröfser als die oben befchriebene Ph.

* Naturf. III. St. t. I.

Geom. Unicolorata, L. aber an Geſtalt iſt ſie ihr ähnlich. Ihr Kopf iſt goldgelb; die Augen ſind braungrün; die Schnauzen ſind braungelb; die Fühler ſind blaſsgelb, und der Sauger braunlich; der Halskragen iſt purpurroth; der Rücken des Vorderleibs goldgelb; die Flügel ſind auf beiden Flächen goldgelb, und ſehr ſtark purpurroth bemahlt; auf den Oberflügeln ſind auf purpurrothem Grunde zwey aneinander hangende goldgelbe Flecken, und am Saumrande her iſt ein einwärts zakkichtes Bändchen, der Saum aber iſt ganz goldgelb; die Unterflügel haben nur einen goldgelben Fleck, aber auf das zakkichte Bändchen, welches am Saumrande her gemeinſchaftlich über alle Flügel geht; nächſt daran aber auf purpurrothem Grunde geht ebenfalls ein trübpurpurrother Wellenſtreif gemeinſchaftlich über alle Flügel; der Saum der Unterflügel iſt auch ganz goldgelb. Die Bruſt iſt gelblich; die Füſe gelb, und an den Schenkeln purpurroth, der Hinterleib iſt dem Rücken zu purpurroth; am After goldgelb, am Bauche aber gelblich. In den Gegenden um Augsburg ſehr ſelten.

BESCHREIBUNG
DER
PH. GEOM. TRILINEARIA.
mas.
III. Tafel. T.

Ihre Gröſse und Geſtalt kommen mit der
obigen Ph. Geom. Sanguinaria, zimmlich überein. Ihr Kopf und die Schnauzen ſind gelb,
die Augen ſind braun, die Fühler ſind braunlich ; der Vorderleib iſt gelb; die Flügel
ſind gelb und ſchwarzbraun geſtreift ; auf jedem Oberflügel ſind drey, und auf jedem Unterflügel ſind zwey Streifen, ſie ſchlieſsen über
allen vier Flügeln zuſammen, auch der Saumrand
iſt ſchwarzbraun, aber der Saum iſt braunlich-
gelb. Die untere Fläche iſt von der obern ſehr
verſchieden, indem nicht nur ihre Farbe viel
lebhafter, ſondern auch noch auf der Mitte jedes Flügels ein kleiner ſchwarzer Punct ſich
zeigt, der dritte Streif auf den Oberflügeln aber
mangelt, die Bruſt und der Hinterleib iſt gelb,
und die Füſse ſind gelb und braun beſtäubt. Aus
der Wienergegend.

BESCHREIBUNG
DER
PH. TIN. PASCUELLA.
foem.
IV. Tafel. U.

Sie iſt beynahe ſo groſs als die ihr ähnlich geſtaltete Ph. Tin. Perlella. * Ihre Augen ſind grün, die Stürne, die Schnauzen, die Fühler, der Vorderleib und die obere Hälfte der Oberflügel auf der obern Fläche ſind braungelb ; die untere Hälfte der lezteren aber iſt blaſs braungelb ; auf ihrer Mitte noch auf braungelben Grunde iſt ein weiſser filberglänzender Streif, welcher von der Lenkung aus, bis gegen dem Saumrande geht, der Saum iſt bleigrau. Die Unterflügel ſind hellgrau und graulich geſäumt. Auf der untern Fläche ſind die Oberflügel dunkel, die Unterflügel aber hellgrau ; die Bruſt und die Füſse wie auch der Hinterleib ſind hellbraungrau. In den Gegenden um Augsburg ſehr häufig.

BESCHREIBUNG
DER
PH. GEOM. LINEOLATA.
mas.
IV. Tafel. V.

Dieſe Phaläne iſt ungefähr ſo groſs als die Ph. Geom. Cervinata, ** auch hat ſie einige Aehnlichkeit mit ſelbiger. Der Kopf und die Schnauzen ſind braungrau ; die Augen ſind ſchwarzgrün, die Fühler braunlich. Der Vorderleib iſt grau, die Oberflügel ſind auf der obern Fläche hellgrau und braungrau geſtreift ; die Streifen ſtehen ſehr nahe beyſammen, und dieje-

---

* Knochs Beitr. 1. St. t. 4. f. 6.
** Röf. Inf. Bel. 1. B. N. V. 3. H. t. 8.

L. Ph. Geom. Unicolorata. M. Ph. Tort. Bifasciana. N. Ph.
Tort. Hartmanniana. O. Ph. Noct. Umbra. P. Ph. Tort.
Arcuana. Q. Ph. Tort. Lecheana. R. Ph. Noct. Culta.
S. Ph. Geom. Sanguinaria. T. Ph. Geom. Trilinearia.

nigen welche über die Mitte gehen, nehmen fich
am ftärkften aus; auf der Mitte diefer Flügel ift
ein fchwarzer Punct, und an dem Eck zeigt fich
ein fchwargrauer kurzer Querftrich, der Saumrand ift fchwarzgrau, der Saum aber hellgrau.
Die Unterflügel find graulich, und auf der auf-
fern Hälfte grau geftreift; ihr Saumrand ift
fchwarzgrau, und der Saum hellgrau. De untere Fläche ift hellgrau und hellgelbbraun gewäfsert, die Oberflügel find nur am Scwingran-
de hin gewäffert, die Unterflügel aberganz, auch
ift auf jedem Flügel ein kleiner fchwarzer Punct;
die Bruft, die Füfse und der Hinterleib find hellbraungrau.   In der Augsburgergegend felten.

BESCHREIBUNG
DER
PH. NOCT. ONONIS.
mas.

IV. Tafel. W.

Sie ift viel kleiner als die ihr fehr ähnliche
Ph. Noct. Dipfacea,* Ihr Kopf und die Schnauzen find hellgrüngrau; die Augen find grün, der
Sauger ift hellbraun; die Fühler find dunkelgrün-
grau; der Vorderleib ift grüngrau.   Die Oberflügel find auf der obern Fläche hellgrüngrau,
und mit dunklen Bändern geftreift; das nächfte
Band an der Lenkung ift braungrün, ein ganz

* D. Schäff. Abb. reg. Inf. t. 173. f. 2. 3.

ſchmales dunckelgrüngraues folgt ihm, und auf
der Mitte kommt ein breites braungrüngraues
Band, an welchem ein ſchwarzes beinahe C förmiges Zeichen ſteht, aufser dieſem Bande iſt
noch ein ſchmäleres dunkelgrüngraues und am
Saumrande her iſt auch eins etwas dunckler als
die Grundfarbe; der Saum aber iſt braungrün-
graulich. Die Unterflügel ſind graugrünlich und
braunſchwarz gefleckt; und auf der Mitte iſt
ein nierenförmiger braunſchwarzer Fleck, und
am Saumrande her ein breiter bandförmiger, in
welchem wiederum ein kleiner nierenförmiger
von der Grundfarbe ſteht; der Saum iſt graugrünlich. Die untere Fläche aller Flügel iſt graugrünlich, grüngrau und braunſchwarz gefleckt;
dieſe Flecken aber ſtimmen mit der obern Fläche meiſtens überein. Die Bruſt und die Füſse
ſind hellgrüngrau, desgleichen der Rücken des
Hinterleibs, der Bauch aber iſt nur graugrünlich.
Etwas ſelten in den Gegenden um Augsburg.

BESCHREIBUNG
DER
PH. NOCT. LINOGRISEA.
mas.
IV. Tafel. X.
Ihre Gröſse und Geſtalt hat viele Aehnlichkeit mit der Ph. Noct. Ianthina. *   Ihr Kopf

* Knochs Beitr. 1. St. t. 4. f. 5. Füeslys Archiv. d. Inſ.
3. Hft. t. 5.

ift braungrünlich ; die Fühler find braun ; die
Augen find grün ; die Schnauzen find hell
und dunkelgraubraun gefleckt ; der Sauger ift
hellbraun; der Halskragen, die Flügelgelencks-
decken und der Rücken des Vorderleibs find
braungrünlich und braunfchwarz gezeichnet.
Die Oberflügel find auf der obern Fläche braungrünlich , braungrau bandirt , und fchwarz und
weifs gezeichnet, nächft an der Lenkung ift ein
braungraues Bändchen, und an ihm ein weiffer
Zakkenftreif; auf der Mitte find zwei runde und
ein nierenförmiger braunfchwarz gezeichneter
Flecken; aufser diefen Flecken ift noch ein wei-
fer Zackenftreif, an welchem dafs andere braungraue Band anfchliefst; der Saum ift hellbraun-
grün. Die Unterflügel find goldrothglänzend,
und fehr breit braunfchwarz eingefafst. Die untere Fläche ift fehr trübfärbig, graugrün und goldroth, wie auf der obern Fläche, aber ganz ohne
Spur von Zeichnungen. Die Bruft, die Füfse
und der Hinterleib find braungrau. Aus der
Wienergegend.

BESCHREIBUNG
DER
PH. GEOM. AURORARIA.
mas et foem.
IV. Tafel. Y.

Diefe Phaläne ift nicht fo grofs, als die ihr
ähnlich geftaltete Ph. Geom. Punctularia, wel-

che auf der ı Tafel D. vorgeftellt ift. Sie ift
ganz orangengelb, die Augen find grün ; die
Stirne, der Vorder-und Hinterleib find fchwarz
beftäubt ; die Fühler, die Schnauzen und die
Füfse desgleichen, der Säuger ift bräunlieh ; die
Oberflügel find am Schwingrande her fchwarz beftäubt, am Saumrande aber fehr breitfchwarz
eingefafst, der Saum ift braun. Die Unterflügel
find auf der obern Fläche durchaus ein wenig
fchwarz beftäubt, aber am Saumrande fehr häufig; ihr Saum ift auch braun. Auf der untern
Fläche find die Oberflügel durchaus fchwarz beftäubt, auffen aber fehr ftark; die Unterflügel
find fehr ftark beftäubt, wie gewäfsert, auf jedem aber find zwei gelbliche Streifen, welche
von der Lenkung bis an den Saumrand gehen,
auch zeigen fich noch drei kurze am Saumrande zwifchen erftern. Der Saum aller vier Flügel ift auf diefer Fläche heller als auf der obern.
Mänchen und Weibchen unterfcheiden fich blos
durch ihre Gefchlechtskennzeichen ; das Männchen zeigt fich ı. und das Weibchen 2. Aus
welcher Gegende fie find, ift mir unbekannt.

BESCHREIBUNG
DER
PH. TIN. MARGARITELLA.
mas.
IV. Tafel. Z.
Sie ift nicht fo grofs als die ihr ähnlice Ph.

U.

V.

W.

X.

1.

Y.

2.

Z.

U. Ph. Tin. Pascuella. V. Ph. Geom. Lineolata. W. Ph.
Noct. Ononis. X. Ph. Noct. Linogrisea. Y. 1. 2. Ph. Geom.
Aroraria. Z. Ph. Tin. Margaritella.

Tin. Pinetella. * Ihr Kopf ift weis, die Schnauzen
find halb braun und hellweis. ' Die Fühler find
bräunlich; der Sauger ift hell gelbbraun; die
Flügelgelenksdecken find hellgelbbraun, der Vorderleib ift weis, die Oberflügel find auf der obern
Fläche gelbbraun; am Schwingrande dunkel, am
Haarrande hell ; ihren ganzen mittlen Raum
nimmt ein filberweifser lanzetförmiger Fleck ein;
der Saum ift bleigrauglänzend. Die untere Fläche der Oberflügel ift grau und braunfchieiend.
Die Unterflügel find auf beiden Flächen hellgrau; und ihr Saum ift graulich; die Bruft, die
Füfse und der Hinterleib find hellgrau. In der
Gegend um Augsburg im Walde fehr häufig.

* Knochs Beitr. 1 St. t. 4. f. 7.

Inhalt.

Inhalt.

BEITRÄGE
ZUR
GESCHICHTE
DER
SCHMETTERLINGE.
DRITTER THEIL.

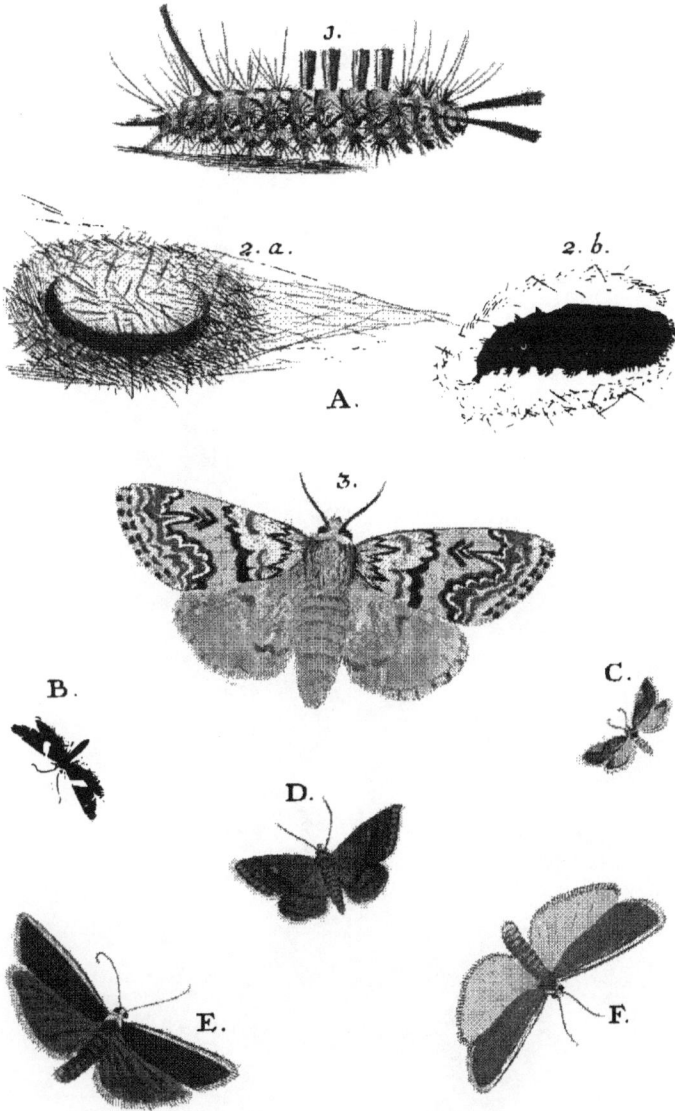

A. 1 - 3. Ph. Bomb. Abietis. B. Ph. Tin. Leucatella.
C. Ph. Tort. Holmiana. D. Ph. Noct. Aenea.
E. Ph. Noct. Luteola. F. Ph. Noct. Complana.

NATURGESCHICHTE

DER

PH. BOMB. ABIETIS.

I. Tafel. A, 1 - 3.

Sowohl in ihrer Gefchichte; als auch in ihren vier verfchiedenen Geftalten, in welchen fie auf dem Schauplaze der Natur erfcheint, zeigt diefe Phaläne grofse Aehnlichkeit mit der Ph. Bomb. Pudibunda *; ihre faft runde Eier find grünlich und werden von ihr fehr forgfältig an die jungen Schofse der Tannen gefezt.

In diefem Stande bilden fich, binnen einer Zeit von zehn bis fünfzehn Tagen, die Raupen und gelangen zu einer folchen Stärke dafs fie den Deckel des Eies ausdrängen können; fie kriechen aus den Schalen heraus und koften fogleich

---

* Röfels Infect. Beluft. 1ter Band. NV. 2 Cl. t. 38. f. 4. 5. D. Schäffers Abb. Reg. Inf. t. 44. f. 9. 10. t. 90. f. 1. 2. 3. t. 214. f. 5. 6. u. t. 219. f. 1. 2. Efpers Schmet. in Abb. 3. Th. t. 54. f. 1. 2.

die Nahrung, an welche fie von ihrer Mutter gefezt worden find. Mit ihrem Wachsthum geht es anfänglich nicht fehr gefchwind; kaum haben fie fich etlichemal abgehäutet, wenn fie von der Witterung fchon genöthiget werden ihren Winteraufenthalt zu fuchen, welcher in den Ritzen der Bäume und andern dergleichen Orten ift. Ein ganz dünnes Gewebe ift, womit fie fich decken, und in diefer Lage erwarten fie die warme Sonnenblicke des folgenden Lenzen; fobald fie empfinden dafs der Winter vergangen, fuchen fie wiederum ihre Speife; fie fcheinen vorzüglich gerne auf hohen Bäumen fich nähren zu wollen; auch lieben fie die jungen Schofse nicht mehr, wenn fie fchon erwachfen find. Alfo fahren fie in ihrem Wachsthume von einer Abbäutung zur andern fort. Ihre Geftalt ift nach jeder Abhäutung etwas anderft als zuvor; vor ihrer lezten Abhäutung oder Verwandlung in eine Puppe aber zeigen fie fich in einem gar artigen Kleide,

1. Ihr Kopf ift beinahe rund, glänzend, ganz grün und abwärts fchwarz gezeichnet, auch ift dafs Gebifs fchwarz, der Leib welcher rund ift, ift fehr fchön grün gefärbt, und mit weiffen und fchwarzen verfchiedenen Streifen und Flecken geziert; auf dem erften Gelenk ift auf dem Rücken ein woifser Streif, welchen zu beiden Seiten ein fchwarzer Strich einfchliefst, auf dem zweiten Gelenke ift an der Seite ein fchwarzes Fleckchen, über wel-

chen auf diefem und in gleicher Linie auf dem dritten Gelenk , ein würfelförmiger Fleck fteht , der
zur Hälfte weifs und zur Hälfte fchwarz ift,
zwifchen dem dritten und vierten, vierten und
fünften , fünften und fechsten , fechsten und
fiebenten Gelenken find die Einkerbungen fammetfchwarz , und wann fie fich, aus Furcht
oder Vertheidigung? zufammen krümmt , als
grofse Flecken anzufehen; auf dem fiebenten
und folgenden Gelenken bis zum zehnten find
weiffe abwärts mit einem fchwarzen Querftrich
gezeichnete Flecken, auch zeigen jeder der drei
lezten Rückenflecken auf fich einen fchwarzen
beinahe würfelförmigen Strich; auf dem eilften
Gelenk ift ein fchwarzer würfelförmiger Fleck ,
vom fiebenten bis zum zwölften Gelenk , ift
nahe am Rücken eine etwas undeutliche weiffe
Linie. Die Luftlöcher find weifs und fchwarz
eingefafst ; neben jedem, nur die am erften Gelenke ausgenommen, ift ein fchwarzer Querftrich
welcher unterwärts einen halbrunden weiffen
Fleck an fich hat ; auf dem zwölften Gelenk ift
blos ein fchwarzer ungleichftarker Geradeftrich
und am Bauche ober den Füffen ift auf jedem
vom erften bis zum eilften Gelenke , ein fchwarzes halbmondförmiges Fleckchen; der Bauch ift
unterbrochen fchwarz geftreift. Die Klauen find
glänzend braun und die Hebeklappen gelbbraun. An
jeder Seite des erften Gelenks, neben dem Luft-

Joch, trägt diefe Raupe, einen ruderförmigen fchwarzen Haarpüfchel, deffen Haare kolbichte Ende haben, vorwärts geftreckt; auf jedem Gelenk vom vierten bis zum fiebenten, fteht auf dem Rücken ein bürftenförmiger Haarpüfchel; die mitlern Haare diefer Haarpüfchel find braungelb, die zu beiden Seiten aber gelblich; noch ift auf dem eilften Gelenk ein hornförmiger braungelber Haarpüfchel. Alle Gelenke auf welchen keine bürftenförmige Haarbüfchel ftehen, find auf dem Rücken mit ein paar Wärzchen befezt, auf welchen theils lange fchwarze und theils kurze braungelbliche Haare untereinander ftehen; ober und unter den Luftlöchern, wie auch an den Gelenken wo keine Luftlöcher find, desgleichen am Bauche, find ohne Ausnahme dergleichen haarichte Wärzchen wie auf dem Rücken, nur haben die Bauchwärzchen kurze Haare.

Will fich diefe Raupe in eine Puppe verwandeln, fo fpinnt fie fich anfänglich ein grofses weitläufiges, gräuliches, eiförmiges Gehäufs, welches fie mit ihren langen Haaren von innen verftärkt; nach kurzer Zeit wenn fie folches vollendet hat, macht fie den Anfang in demfelben zu einem zweiten viel ftärkeren, aber auch viel kleineren, und reibt fich beinahe alle ihre Haare ab, um damit daffelbe recht dicht zu machen. In diefem Gefpinnfte verwandelt fie fich alsdenn nach fünf oder fechs Tagen in eine glänzende,

fchwarzbraune Puppe, welche in der Ordnung wie
die Raupe mit kurzen bräunl. Haaren befezt ift.

Achtzehn bis zwanzig Tage nach der Verwandlung diefer Raupe in eine Puppe kommt der
Schmetterling heraus. Seine Grundfarbe ift ein
lebhaftes graulich, der Kopf ift ein wenig grau
beftäubt, die Augen find grün, die Fühler find
oben graulich unten aber gelbbraun; der Rü-
ken des Vorderleibs ift auch grau gemengt, befonders auf den Flügelgelenksdecken. Die Oberflügel find zackicht und bogicht braunschwarz
gezeichnet und beftäubt; mitten auf denfelben
fteht ein fchwarzes, zwei in einander geftellten
V ähnliches Zeichen; in diefe V förmige Zeichen, welche auswärts ftehen, fällt ein Spiz,
von einer auffer demfelben fich über die Breite
des Flügels herziehenden Zacken und Bogenlinie ein; inner dem Zeichen ift eine Bogenlinie,
und nächft an der Lenkung der Flügel eine Za-
kenlinie; zwifchen lezter und vorlezter Linie
find, wie nicht weniger zwifchen erfterer und
dem Saumrande, braungraue, mit den Hauptzeichnungen übereinftimmende fchattichte Bänder und im Mittelraume ift die Grundfarbe auf
ein fchönes Grau erhöht; dagegen fällt fie dem
Saume zu ins braungraue; am Saumrande hin
ftehen fieben kleine halbmondförmige braunfchwarze Fleckchen und der Saum welcher braungrau ift, hat eben fo viel und gleichfärbige

merkliche Puncten. Die Unterflügel haben blofs
auf ihrer Mitte einen braungraufchattichten
mondförmigen Fleck, und am Afterrande einen
gleichfärbigen Anfang eines bogichten Bandes;
der Saum ift braungrau wechslend. Auf der untern Fläche ift auf jedem Flügel ein braungrauer
mondförmiger Fleck, und auffer demfelben find
einige fchattichte, undeutliche Bänder. Die Bruft
und die Schenkel haben blofs die Grundfarbe,
die vordern Glieder der Füffe aber find braunfchwarz geringelt. In der Gegend um Augsburg
felten.

BESCHREIBUNG.

DER

PH. TIN. LEUCATELLA.

foem.

I. Tafel B.

Sie ift ohngefähr fo grofs als die in diefen
Beiträgen * abgebildete Ph. Tin. Combinella,
auch hat fie an Geftalt grofse Aehnlichkeit mit
derfelben. Der Kopf und die Schnauzen find
weifs, die Augen fchwarzbraun und die Fühler
fchwarz; der Rücken des Vorderleibs ift ganz
fchwarzgrau, die obere Fläche der Oberflügel
ift fchwarzgrau, auf ihrer innern Hälfte ift ein
weiffes fchwarz begränztes Bändchen, und in der
auffern find zwei weiffe und ein fchwarzes Fleckchen; der Saumrand ift mit fchwarzen Pünct-

* Thl. t. I. C.

chen befezt und der Saum ift grau ; die Unterflügel find fambt dem Saume grau. Auf der untern Fläche find alle vier Flügel metalfchielend
grau; die Bruft ift ganz grau, die Füffe aber find
fcheckicht und der Hinterleib ift auch grau. In
den Augsburgergegenden etwas felten.

BESCHREIBUNG
DER
PH. TORT. HOLMIANA.
foem.
I. Tafel C.

Sie ift viel kleiner als die Ph. Tort. Bifaf-
ciana welche auch in diefem Werkchen * abgebildet ift und an Geftalt mit diefer Phaläne fehr viele
Gleichheit hat. Der Kopf und die Fühler find
gelbbraun , die Augen fchwarz und die Schnauzen
ftrohgelb; der Rücken des Vorderleibs ift goldgelb und gelbbraun gefleckt; die obere Fläche
der Oberflügel ift auch goldgelb und größten-
theils gelbbraun fchätticht ; am Schwingrande
nicht weit von dem Eck des Flügels ift ein
großer, eckichter, filberweißer Fleck , übrigens
zeigen fich eine Menge ganz kleiner Pünktchen
und Streifen welche glänzend bleifärbig find;
der Saum ift hell goldgelb; die Unterflügel find
grau und graulich ift ihr Saum ; auf der untern
Fläche, welche grau ift, zeigt fich nichts als der

* 2 Thl. t. 3. M.

weiſſe Fleck deſſen auf der Oberfläche bei den
Oberflügeln gedacht worden; die Bruſt und die
Füſſe ſind braungelblich, der Hinterleib aber iſt
auf dem Rücken grau und am Bauche bräunlich.
In den Gegenden um Augsburg ſelten.

BESCHREIBUNG

DER

PH. NOCT. AENEA. *

foem.

I. Tafel D.

Dieſe Phaläne iſt nicht nur an Gröſſe ſondern
auch an Geſtalt beinahe mit der Ph. Noct. He-
liaca ** gleich. Sie iſt ganz Erzgrün, nur die
Augen ſind hellgrün; die Oberflügel haben auf
ihrer Mitte ein blaſſes Fleckchen, nächſt daran
zieht eine dunkelrothe auswärts in die Grundfarbe
ſich verlierende Binde über die Breite des Flügels und eine hellere folgt ihr ſehr nahe, leztere
iſt breiter als die erſte und geht bis an den Saumrand, und auf dieſer Binde ſind am Saumrande
her ſieben grauliche Fleckchen; der Saum iſt hellroth. Die Unterflügel haben auf ihrer Mitte
gleichfals eine Binde und ſie vereiniget ſich mit
jener die über die Oberflügel geht, doch hat ſie
keine ſo lebhafte Farbe; ſondern iſt gleichſam

---

* D. Schäffers Abb. Reg. Inſ. t. 51. f. 10.
** D. Schäffers Abb. Reg. Inſ. t. 19. f. 14. 15. Naturforſchers III. Stück t. 1. f. 8.

mit der Grundfarbe gemengt; auch zeigen fich auffer diefer Binde noch ein paar gleichfärbige Streifen, der Saum aber ift hellroth. Die untere Fläche aller vier Flügel ift hellolivengrau und dunkel befläubt, am Schwingrande der Oberflügel und am Unterrande der Unterflügel fangen fich zwar wie auf der oberen Fläche rothe Bänder an, verlieren fich aber nicht weit davon in eine unmerkliche Nüance. In den Wäldern um Augsburg häufig.

BESCHREIBUNG

DER

PH. NOCT. LUTEOLA.

mas. et foem.

I. Tafel E.

An Gröfse übertrift fie die ihr fehr ähnliche Ph. Noct. Unita welche in diefen Beiträgen * abgebildet ift. Ihre Augen find fchwarz, auch fcheinen ihre Fühler fchwarz zu fein; der Kopf, der Halskragen und die Flügelgelenksdecken find hell ockergelb; der Oberleib aber, und die Flügel auf beiden Flächen find hellgraubraun ins ockergelbe glänzend; der Schwingrand der Oberflügel ift auf beiden Flächen hellockergelb und auf der untern Fläche der Unterflügel ift ein kleiner halbmondförmiger Fleck welcher, wie auch der Saum aller vier Flügel, blafs ockergelb ift;

* 1 Th. t. 4. V.

der Hinterleib ist braungrau und an den Seiten blaſs ockergelb gestreift, am After aber hoch-ockergelb; die Bruſt und die Schenkel der Füſſe ſind hellockergelb und die übrigen Glieder braungrau. Um Augsburg; etwas ſelten.

BESCHREIBUNG

DER

PH. NOCT. COMPLANA. *

mas. et foem.

I. Tafel F.

Ihre Gröſſe und Geſtalt iſt mit der vorhergehenden Ph. Noct. Luteola beinahe einerlei, der Kopf iſt hellockergelb, die Augen ſind ſchwarz, desgleichen die Fühler; der Halskragen iſt hellockergelb, der Vorderleib und die Oberflügel ſind glänzendgrau, der Schwingrand aber iſt hellockergelb, der Saum der Oberflügel und die Unterflügel ſambt dem Saum ſind bleich ockergelb, die untere Fläche der Oberflügel iſt eigentlich blaſs ockergelb, doch nimmt eine graue Farbe den gröſsten Raum derſelben ein; die Unterflügel ſind auf dieſer wie auf der obern Fläche; die Bruſt und Schenkel ſind hellockergelb, die Beine aber und der Hinterleib den After allein ausgenommen, welcher hellockergelb gefärbt iſt, ganz grau. Nicht ſelten um Augsburg.

* D. Schäffers Abb. Reg. Inſ. t. 266. f. 1. 2.

BESCHREIBUNG
DER
PH. TORT. LITERANA.
foem.
II. Tafel G.

Diefe Phaläne ift etwas kleiner als die ihr ähnlich geftalte Ph. Tort. Viridana *. Ihr Kopf ift hellgrün, die Augen find braun, die Schnauzen grünlich und die Fühler grün; der Rücken des Vorderleibs ift hellgrün, auch find die Oberflügel auf der
obern Fläche hellgrün mit fchwarzen Buchftaben
ähnlichen Zeichen gezeichnet und weifs gefäumt;
die Unterflügel find hellgrau und ihr Saum ift
graulich. Die untere Fläche der Oberflügel ift
beinahe ganz grau, nur am Schwingrande find
weiffe Fleckchen; die Unterflügel find auch auf
diefer Fläche grau, aber fie find braungrau beftäubt; der Hinterleib ift ganz hellgrau, die Bruft
und die Füffe find grünlich. In hiefigen Gegenden felten.

BESCHREIBUNG
DER
PH. NOCT. VETULA.
mas.
II. Tafel H.

An Gröfse mangelt es diefer Eule, um fie mit

---

* Röfels Inf. Beluft. 1 Band N V. 4. Cl. t. 1. f. 4. D. Schäf.
Abb. Reg, Inf. t. 116. f. 2. 3.

der ihr ähnlich geftalteten Ph. Noct. Triplafia *
vergleichen zu können. Ihr Kopf und die Schnauzen find afchgrau, die Fühler find oben afchgrau
unten aber gelbbraun, die Augen find gelbgrün,
der Sauger ift braungelb, der Halskragen, die
Flügelgelenksdecken, der ganze Leib, die Flügel wie auch die Füffe find afchgrau; die Oberflügel find mit braunen helleingefafsten Fleckchen
und mit hellen Streifen und braungraufchattichten Bändern gezeichnet, der Saum ift braun, die
Unterflügel find innen etwas heller als die Oberflügel, auswärts aber gehen fie ins dunklere und
ihr Saum ift bräunlich. Die untere Fläche der
Flügel ift blafsgrau, doch nimmt ein dunkles Grau
den gröfsten Raum der Oberflügel ein, auf den
Unterflügeln aber ift nur ein mondförmiges
Fleckchen, übrigens find noch dunkle undeutliche Bändchen auf beiderlei Flügel zu fehen. In
den Gegenden um Augsburg nicht fehr felten.

BESCHREIBUNG
DER
PH. NOCT. TRIQUETRA.
mas. et foem.
II. Tafel I.

Sie ift viel kleiner als die ihr fehr nahe verwandte Ph. Noct. Macularis ** welche auch hier

* Röfe's Inf. Beluft. 1 Band. NV. 2. Cl. t. 34. f. 3. 4.
** 2 Th. t. 2. E.

vorgeftellt worden. Ihr Kopf, die Fühler und
die Schnauzen find veilgrau, die Augen dunkelgrün und der Sauger braun, der Rücken des Vorderleibs ift ganz veilgrau, die Oberflügel haben
Veilgrau zur Grundfarbe, braungrau und braunfchwarz aber erhöhen fie; nicht weit von ihrer Lenkung fteht ein dreieckichter braunfchwarzer Fleck,
über der Mitte fteht ein braungraues, ovales
Fleckchen, und nächft daran ein zweiter dreieckichter, braunfchwarzer Fleck der noch mit einem ähnlichen verbunden ift; auf der auffern
Seite fcheinen beide Flecken einen fchwarzen
Umrifs zu haben, der fich am Schwingrande fchon
anfängt, und eben da fchlieft fich, an diefen Umrifs ein braungrauer Fleck an, welcher eigentlich
der Anfang einer hellbraungrauen Binde ift, die
fich fehr nahe an die Flecken anfchmiegt; über
den Flecken zeigt fich am Schwingrande noch ein
geringes braungraues Fleckchen; der Saum ift
braungrau; die Unterflügel find hochockergelb
und von ihrer Lenkung aus, wie auch am Afterrande hin, braungrau behaart und beftäubt, nicht
weit vom Saumrande fchlingt fich etwas unterbrochen ein graubraunes Bändchen vom Unterrande
herab, und an dem Afterrand hin; der Saum
ift auch an diefen Flügeln braungrau. Auf der untern Fläche find alle vier Flügel blafs ockergelb
und ockerbraungelb beftäubt; auch ift auf jedem
Flügel ein mondförmiges, ockerbraunes Fleck-

chen ; der Saum zeigt fich auf diefer Fläche bläfser
als auf der obern ; der Hinterleib ift grau und am
After gelb, die Bruft und die Füffe find braungrau.   Aus der Wienergegend.

BESCHREIBUNG

DER

PH. PYR. ATRALIS.

foem.

II. Tafel K.

Kaum ift diefer Zinsler ein Viertheil an der
Gröfse der ihm viel ähnlichen Ph. Pyr. Marginalis *, Der Kopf ift braunfchwarz, die Schau-
zen find oben braunfchwarz und unten weifs;
die Augen und Fühler find fchwarz und der Sauger ift braungelb.   Der Leib ift ganz braunfchwarz, die Flügel aber welche auch die Farbe
des Leibes haben, find auf der untern Fläche
jeder mit einem weiffen Fleck, der auf der obern
Fläche durchfcheint bezeichnet; der Saum ift
grau und die Füffe find fchwarzbraun.   In den
Gegenden um Augsburg nicht felten.

---

* 1 Th. t. 2. K.

BESCHREIBUNG

DER

PH. GEOM. SEXALISATA.

mas. et foem.

II. Tafel L.

An Gröfse wird fie von der **Ph. Geom.** Hex-apterata * merklich übertroffen, an Geftalt aber find beide, dem Anfehen nach, gleich. Der Kopf und die Schnauzen find ganz grau, die Augen rothbraun, die Fühler braun und der Sauger braungelb; der Vorderleib ift ganz grau; die Oberflügel find graulich und haben auf ihrer Mitte ein breites Wellenband welches grau und fchwarz-grau begränzt ift, und auf diefem Bande fteht ein kleiner fchwarzer Punct; ein ähnliches Band aber nicht fo erhebliches und ein kleines, füllen den innern Raum diefer Flügel aus; auf dem auf-fern Raume zeigt fich ein fchattichtes Band, die-fes fchliefst fich am Saumrande an und wird von einer hellen Wellenlinie gleichfam in zwei getheilt; der Raum zwifchen erwähnten Bändern ift überall mit einer braunen Wellenlinie gezeichnet; der Saumrand ift unterbrochen fchwarzgrau und der Saum hell und dunkel wechslend. Die Unterflügel find graulich und nur auswärts graufchatticht; auf ihrer Mitte ift ebenfalls ein Punct wie auf den

* Klemanns Beitr. zur Nat. oder Inf. Gef. 1. Th. t. 19. f. a. b.

Oberflügeln, auch ihr Saum iſt grau, hell und dunkelwechslend. Auf den Unterflügeln zeigt ſich noch eine Art Flügel welche eigentlich mit den Unterflügeln vereiniget ſind und keine beſondere Lenkung haben; dieſe ſind grau und graulich geſäumt. Die untere Fläche der Flügel iſt graulich und grau beſtäubt, durch alle vier Flügel gehen dunkle Wellenlinien und ein weiſslichtes Band, auf jedes Flügels Mitte iſt ein ſchwarzer Punkt; die Bruſt und der Hinterleib wie auch die Schenkel der Füſſe ſind graulich, die Beine aber ſind ſchwarzgrau geringelt.

Obwohl obige Beſchreibung auf beide Geſchlechter eingerichtet iſt, dennoch bleibt noch ein zwiſchen ihnen ſtark hervorleuchtender Unterſchied zu berichtigen übrig. Die Bänder auf den Oberflügeln ſind bei dem Weibchen nicht in gleichem Verhältniſſe mit des Männchens, ſondern daſs gröſste Band welches auf der Mitte ſteht, iſt bei dem Weibchen beinahe noch einmal ſo breit; auch ſind die Unterflügel bei dem Weibchen anderſt, nemlich ganz hellgrau und haben ein grauliches Band; ferner mangelt dem Weibchen daſs dritte paar Flügel. In der Gegend um Augsburg nicht ſelten.

BESCHREIBUNG

DER

PH. NOCT. PYRAMIDEA.

foem. varietas.

II. Tafel M.

Sie übertrift an Größe die Beständige *, an Gestalt aber kommt sie sehr genau mit derselben überein ; etwas veränderte Zeichnungen und Farben , geben ihr ein besonderes Ansehen. Hauptsächlich weicht sie darinn von der oben angedeuteten Art. ab: daß ihr die Zeichnungen im Mittelraume auf den Oberflügeln fehlen; und daß die Unterflügel die glänzende Kupferfarbe nicht aufweißen. In der Gegend um Augsburg gefangen.

BESCHREIBUNG

DER

PH. NOCT. MI.

mas. et foem.

II. Tafel N.

Diese Phaläne, welche mit der Ph. Noct. Glyphica ** fast einerlei Größe und Gestalt hat, ist nur dem Geschlechte nach, unter sich, ver-

---

* Rösels Ins. Belust. 2 Band. NV. 2. Cl. t. 11. f. 4. 5.
** Kleemanns Beitr. zur Nat. oder Ins. Ges. 1 Th. t. 25.

fchieden. Ihr Kopf ift hellgraubraun, die Augen find grün, die Fühler grau und braun geringelt; die Schnauzen find braungrau und der Sauger ift braungelb. Der Rücken des Vorderleibs ift olivenbraun, die Flügelgelenksdecken desgleichen und grau eingefafst; die Oberflügel find auf der obern Fläche eigentlich grau; da aber den gröfsten Raum derfelben ein fehr fonderbar gezeichneter, olivenbrauner, theils gelb, theils grau gerändeter Fleck, auf deffen Mitte ein fchwarzes, nierenförmiges, auswärts gelb eingefafstes Zeichen und ein fchwarzer grau umringter Punkt ftehen, einnimmt, auch der noch übrige Raum mit mehrerlei dunkel olivenbraunen Flecken und hellen Bändern angefüllt ift, fo verliert fich dafs Graue ziemlich; der Saum ift gelblich und braungrau gezähnt. Die Unterflügel find ockergelb, aber braunfchwarze Wellenbänder machen dafs man es für das Gegentheil anfehen könnte; auch der Saum diefer Flügel ift gelblich und braungrau gezähnt. Die untere Fläche der Flügel ift ockergelb und fchwarz, mit den auf der obern Fläche befindlichen Zeichnungen etwas übereinftimmend, gezeichnet. Die Bruft ift graulich; der Hinterleib ift auf dem Rücken fchwarzgrau und jedes Gelenk ift weifs gerandet, am Bauche ift er graulich und am After ockergelb; die Füffe find bräunlich. In den Gegenden um Augsburg, nicht felten

BESCHREIBUNG

DER

PH. GEOM. APICIARIA.

mas; et foem.

II. Tafel O.

Ihre Gröfse und Geftalt ift von der Gröfse
und Bildung der Ph. Geom. Dolabraria * nicht
fehr verfchieden. Ihr Kopf, die Schnauzen, die
Fühler und der Vorderleib find goldgelb, die Augen find grün und der Sauger ift gelbbraun. Die
Oberflügel wie auch die Unterflügel haben Goldgelb zur Grundfarbe, auf ledem ift in der Mitte
ein fchwarzer Punct, aus dem Eck der Oberflügel entfpringt ein fchwarzbrauner gebogener
Strich der fich an den Haarrand hinabzieht; diefer Strich hat auswärts einen veilgrauen Schatten
an fich der fich erft am Saumrande ins hellere verliert; auch zeigt fich auf den Oberflügeln nicht
weit von ihrer Lenkung ein brauner Winkelftrich; auf den Unterflügeln zieht vom Unterrande an den Afterrand, ein, wie auf den Oberflügeln, fchwarzbrauner, gebogener, hinter fich
veilgraufchattichter Streif; die Adern find oraniengelb und alle vier Flügel dunkel befprengt;
der Saum ift einwärts gelbbraun und auswärts
graulich. Die untere Fläche ift an Farben, blos

* D. Sulzers abg. Gefch. d. Inf. t. 22. f. 9.

etwas bläſſer , mit der obern gleich ; die ſchwarze Punkte und die dunkle Sprengeln ſind auch da , aber die Streifen mangeln. Die Bruſt iſt goldgelb , die Füſſe ſind an den Schenkeln veilgrau. übrigens goldgelb und der Hinterleib iſt auf dem Rücken goldgelb am Bauche aber auch veilgrau. Um Augsburg, ſelten.

BESCHREIBUNG
DER
PH. NOCT. MONETA.
mas. et foem.

III. Tafel P.

Dieſe Eule iſt beinahe gröſſer als die ihr ſehr nahe verwandte und ähnlich geſtaltete Ph. Noct. Chryſitis *. Ihr Kopf iſt bräunlich , die Augen ſind braun, der Sauger iſt braungelb, die Schnauzen ſind bräunlich und braun geründet , auch die Fühler ſind bräunlich und braun geringelt; der Halskragen , die Flügelgelenksdecken und der Rücken des Vorderleibs ſind bräunlich , ſparſam ſchwarz beſtäubt und braun geründet. Die Oberflügel ſind auf der obern Fläche eigentlich ſilbergrau, auf ihrer Mitte iſt ein ſilbernes , beinahe Brillenförmiges Zeichen , die ganze Fläche aber iſt gelbbraun überzeichnet und mit hel-

* D. Schäffers Abb. Reg. Inf. t. 101. f. 2. 3. Naturforſchers III. Stück t. 3. f. 6.

G. Ph. Tort. Literana. H. Ph. Noct. Vetula. I. Ph.
Noct. Triquetra. K. Ph. Pyr. Atralis. L. Ph. Geom.
Sexalisata. M. Ph. Noct. Pyramidea. N. Ph. Noct. Mi.
O. Ph. Geom. Apiciaria.

lern Nüancen bemalt; die hauptfächlichfte Zeichnungen find zwei Bögenlinien zwifchen welchen
oberwähntes Zeichen ftcht, und weil der Grund
gröfsten Theils hellgelbbraun ift, auch um dafs
filberne Zeichen ein dunkelfchattichtbrauner
Zug fich fchlingt, fo hat es das Anfehen eines
Bandes; der innere oder nächfte Raum an der
Lenkung ift mit unterbrochenen Bogenlinien,
und der auffere, nächft am Eck, mit einem Winkelftrich, auch abwärts mit einem hellfchattichten
Bändchen und mit fchwarz punctirten Flecken
bezeichnet; der Saumrand ift braun und der
Saum zinngrau; die untere Fläche ift braungrau
und fchatticht geftreift auch braun beftäubt.
Die Unterflügel find auf der obern Fläche grau
und graulich gefäumt, auf der untern aber find
fie bräunlich und braungrau geftreift. Die Bruft
ift braunlich, die Füffe find trübgraubraun und
haben an jedem Glied einen hellen Ring. Der
Hinterleib ift auf dem Rücken braungrau und am
Bauche graulich. Aus den Steurmärktifchen
Gebirgen.

BESCHREIBUNG

DER

PH. NOCT. EBORINA.

mas.

III. Tafel Q.

Sie ift nicht fo grofs als die ihr fehr nahe
verwandte weibliche Ph. Noct. Quadra *. Ihr

* Röfels Inf. Beluft. 1 Band. NV. 2. Cl. t. 41. f. 3. 4.

Kopf und die Schnauzen find ockergelb, die Augen fchwarz, die Fühler blafsockergelb, und der Sauger gelbbraun. Der Halskragen ift ockergelb und der Rücken des Vorderleibs blafs, auch die Oberflügel find blafs und baben zwei fchwarze ftarke Puncte, einer fteht nahe am Schwingrande, welcher ockergelb ift, und der andere nahe am Haarrande; der Saum ift auch ockergelb. Die Unterflügel find grau, von ihrem Saumrande geht ein blafsockergelber fplitterförmiger Strich ihrem Mittelraume zu, und ihr Saum ift auch ockergelb. Die untere Fläche der Oberflügel ift grau und ockergelb gerändet, die, der Unterflügel hellockergelb. Die Bruft ift grau, die Füffe find grau und ockergelb geftreift, und der Hinterleib ift auf dem Rücken grau, am Bauche gelblich und am After ockergelb. In hiefiger Gegend etwas felten.

BESCHREIBUNG

DER

PH. GEOM. NIVEARIA.

foem.

III. Tafel R.

Diefe Phaläne ift nicht fo grofs als die ihr etwas ähnliche Ph. Geom, Dealbata *. Ihr Kopf ift graulich weifs, und ihre Stirne grau

---

* D. Sulzers abg. Gefch. d. Inf. t. 23. f. 3.

bezeichnet, ihre Augen find rothbraun, die Fühler oben weifs, unten braun ; die Schnauzen find weifs und der Sauger ift braun ; der Rücken des Vorderleibs, wie auch des Hinterleibs und beide Flächen der Oberflügel find graulich weifs; die Unterflügel find fchneeweifs auf beiden Flächen, und der Saum fowohl der Ober- als Unterflügel ift gleichfalls weifs, Die Bruft und die Füffe, auch der Hinterleib, find weifs ; vorlezte find an den Gliedern braun geringelt. In der Gegend um Niemierow nicht felten.

BESCHREIBUNG

DER

PH. NOCT. HYMENÆA.

foem.

III. Tafel S.

Sie ift kleiner als die ihr an Geftalt, Zeichnungen und Farben fehr ähnliche Ph. Noct. Paranympha *. Ihr Kopf ift grau; die Schnauzen und Fühler find graubraun, die Augen braungrün und der Sauger gelbbraun. Der Halskragen ift braungrau und mehrmal mit dunkleren Kreifen bezeichnet. Der Rücken des Vorderleibs ift grau, desgleichen die obere Fläche der Oberflügel; auf dem Mittelraume derfelben ift ein kleines nierenförmiges fchwarzes, auswärts einen Schatten-

* Röfels Inf. Bel. 4 Band t. 18. f. 1. 2.

fieck an fich führendes Zeichen , in welchem fich
eine gleichförmige braune Zeichnung zeigt ; unter diefem ift ein ähnliches , bläfser und kleiner
als erftes ; von diefen Zeichen nicht weit , auswärts , ift eine fchwarze Zackenlinie , am
Schwingrande, gerade nächft am Mittelzeichen,
ein fchwarzes Strichchen und einwärts eine
fchwarze Bögenlinie ; nahe an ihrer Lenkung
läfst fich noch ein fchwacher fchwarzer Bogen-
ftrich und am Saumrande her , fieben gleichfärbige Puncten fehen ; unter dem Eck ift ein
dunkler zikzakftrich und neben den oben erwähnten fchwarzen Zacken- und Bogenlinien find
gleichlaufende , etwas ftarke , braungraue Streifen. Die Unterflügel find auf diefer Fläche goldgelb , von ihrer Lenkung aus und am Afterrande
ein wenig braungraufchatticht ; über ihre Mitte
lauft ein fchmales , eckichtes , fchwarzes Band
vom Unterrande herab dem Afterrand zu ; nahe
an dem Eck zieht fich ein breites, gleichfärbiges
und ähnliches Band vom Unterrande an , am
Saumrande hin, dem Afterrand zu , allwo ein
Fieck fteht , welcher noch ein Trum des nem-
lichen Bandes zu fein fcheint ; der Saumrand ift
heller als die Grundfarbe und der Saum ift braungrau. Die untere Fläche ift blafsockergelb und
fchwarzgrau bandirt. Der Hinterleib ift auf dem
Rücken grau, an den Seiten und am Bauche aber
bräunlich ; die Bruft und die Füffe find grau ,

leztere find an den Schenkeln braun beftäubt
und an den übrigen Gliedern fchwarz geringelt.
Aus der Wienergegend.

BESCHREIBUNG

DER

PH. GEOM. LUNULARIA,

mas. et foem.

III. Tafel T. 1. 2.

Sie hat mit der Ph. Geom. Angularia * beinahe einerlei Gröfse und Geftalt. Ihr Kopf ift
gelbröthlich, die Augen find gelbgrün, die Fühler find gelbröthlich und braun gefiedert, die
Schnauzen aber find hellockergelb. Der Vorderleib ift auch hellockerfärbig. Die Flügel find
auf beiden Flächen blafsockergelb und am
Schwingrande weifs, dagegen find fie an ihrem
Saumrande her, etwas lebhafters gefärbt und
mit feinen braunen Sprengeln ganz überftreut;
auch ift die untere Fläche etwas lebhafter als
die obere; ohngefehr auf der Mitte jedes Flügels ift ein durchfichtiges Mondfleckchen, welches auf den Oberflügeln einen ockerbraunen,
auf den Unterflügeln aber einen fchwarzen Umrifs hat; fowohl aufser diefem Mondfleckchen
als auch inner felbigem ift ein fchwarzbrauner

* Kleemanns Beit. z. Nat. oder Inf. Gefch. 1 Th. t. 26.
f. a. b.

Strich und zwischen beiden, zeigt sich vorzüglich auf den Oberflügeln, ein Dritter, ocker-
brauner; eben da, zwischen beiden Streifen und
auch an der Lenkung der Oberflügel, ist die
Grundfarbe auf ein lebhaftes Ockergelb erhöht;
an dem Eck der Oberflügel ist noch ein safran-
gelber rothbraun beschränkter Fleck, und der
Saumrand ist braun, der Saum aber gelblich,
der Unterleib ist auch blafsockergelb und braun
besprengt; die Füffe sind an den Schenkeln hellockergelb, an den Beinen braun und an den kleinen Gliedern blafsockergelb und braun gesprengt.
In den Gegenden um Augsburg, selten.

BESCHREIBUNG

DER

PH. TIN. PROCERELLA.

foem.

III. Tafel U.

An Gröfse und Gestalt ist sie mit der Ph. Tin.
Granella * gleich. Ihr Kopf ist glänzend bleifärbig; die Augen sind schwarz, die Fühler
schwarz und weifs geringelt, und die Schnauzen
sind goldroth, desgleichen auch die Oberflügel,
welche an dem Eck braun und mit silbernen
Pünctchen, auf den übrigen Raum aber mit drei
silbernen Streifen, gezeichnet sind; der Saum ist

---

* Röfels Inf. Beluft. 1 Band. NV. 4 Cl. t. 12. f.

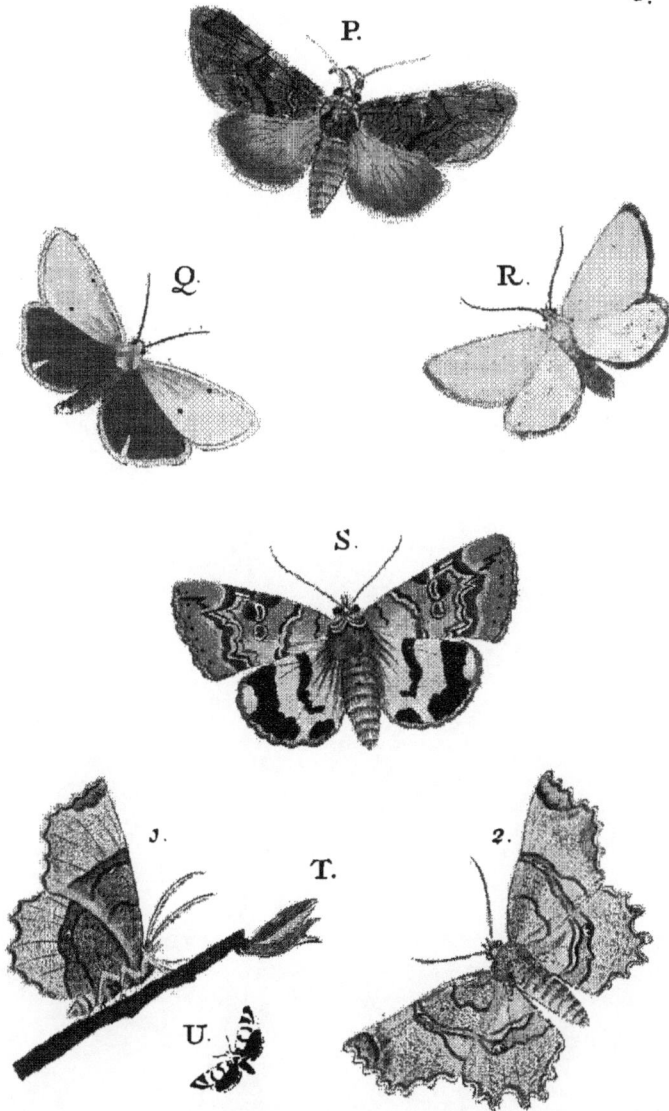

P. Ph. Noct. Moneta. Q. Ph. Noct. Eborina. R. Ph.
Geom. Nivearia. S. Ph. Noct. Hymenæa. T. 1. 2. Ph.
Geom. Lunularia. U. Ph. Tin. Procerella.

goldgelb. Die Unterflügel find fchwarzgrau und grau gefäumt. Die untere Flächen beiderlei Flügeln, die Bruft, der Hinterleib und die Füffe find fchwarzgrau. Aus der Gegend um Niemierow.

BESCHREIBUNG

DER

PH. NOCT. CIRCUMFLEXA.

mas. et fcem.

IV. Tafel, V.

Sie ift beinahe fo grofs als die Ph. Noct. Gamma *; auch hat ihre Geftalt nicht viel unähnliches mit jener. Ihr Kopf ift veilgrau, die Fühler find bräunlich, die Augen dunkelgrün, die Schnauzen bräungrau und der Sauger gelbbraun; der Halskragen ift veilgrau und braun gezeichnet und gerändet; die Flügelgelenksdecken und der Rücken des Vorderleibs desgleichen. Die Oberflügel find veilgrau, auf ihrer Mitte ift zwifchen zwei hellen Streifen die dem Haarrande zu filberweifs find ein filbernes Zeichen, welches einem Circumflex ähnlich ift; ober diefem Zeichen ift ein hell gezeichnetes Nierenfleckchen und nahe an ihrer Lenkung find noch zwei unbedeutende filberweiffe Streifchen, derjenige Raum, wo dafs erwähnte filberne Zeichen darauf fteht, ift dunkelbraun mit

---

* Röfels Inf. Beluft. 1 Band NV. 3 Cl. t. 5. f. 4.

oekergelb erhöht, und von dem Eck zieht sich
ein brauner metallschielender Schatten herab; der
Saum ist veilgrau; die Unterflügel find gelbgrau
und graulich gefäumt; die untere Fläche aller
vier Flügel ist gelbgrau und schatticht gestreift.
Die zwei Höcker auf dem Hinterleib find braun,
der Hinterleib aber ist gelbbraun und die Füße
auch. In der Wienergegend.

BESCHREIBUNG

DER

PH. NOCT. CRACCÆ.

mas. et foem.

IV. Tafel, W.

Beinahe ist sie so grofs als die ihr nächst verwandte und ähnliche Ph. Noct. Luforia*. Ihr
Kopf und die Schnauzen find grau, die Fühler
braun, die Augen grün, die Stirne und der Halskragen schwarz, und der Vorderleib hellgrau.
Die Oberflügel find auf der obern Fläche auch
hellgrau und dunkel besprengt, am Schwingrande braungraufchatticht gefleckt und dem
Saumrande zu eben fo bandirt; die Adern find
bräunlich und an ihrer Masche ist ein braunes,
theils schwarz gezeichnetes nierenförmiges Fleckchen, ihr Saum ist gelbgrau. Die Unterflügel
find hellgelbgrau und am Saumrande hin dunkel-

* Efpers Schmett. 3 Thl. t. 68. f. 4. Luforia, Bomb.

fchatticht; der Saum diefer Flügel ift graulich.
Die untere Fläche der Oberflügel ift helgelbgrau,
und die der Unterflügel nur gelbgraulich , aber
auf beiderlei ift nicht weit vom Saumrande ab ,
ein dunkelgraues. fchattichtes Band ; der Hinterleib und die Füffe find auch gelbgrün. Aus
der Wienergegend.

BESCHREIBUNG

DER

PH. NOCT. UXOR.

foem.

IV. Tafel, X.

Sie ift kaum halb fo grofs als die ihr fehr
ähnlich geftaltete und beinahe gleich gezeichnete
Ph. Noct. Sponfa *. Ihr Kopf und die Schnauzen find grau und braungrau gemengt; die Fühler find fchwarz , die Augen grünbraun und der
Sauger ift braun ; der Halskragen , die Flügelgelenksdecken und der Rücken des Vorderleibs
find grau , braungrau und fchwarz gemengt. Die
Oberflügel find zwar auch grau , aber gröften-
theils fchatticht bandirt und fo häufig braun
gemengt, dafs fie mehr ein braungraues Anfehen
haben ; auf ihrer Mitte , nicht weit vom Schwingrande ift ein fchwarz gezeichnetes Nierenfleckchen, auffer demfelben ift eine fchwarze Zacken-

* Röfels Inf. Beluft. 4. Band. t. 19. f. 3.4.

linie, welche fich einmal bis unter das Fleckchen zurückzieht , und inner felbigem eine
gleichfärbige Bogenlinie ; am Saumrande ift eine
dunkelgraue gleiche Wellenlinie und hinter ihr,
eine Schattichte; noch einige dunkle Fleckchen
finden fich am Schwingrande und an der Lenkung
ein kleines Bogenftrichchen; der Saum ift braungrau. Die Unterflügel find trübgoldgelb und
mattfchwarz bandirt; der Saum ift gelbgrau.
Die untere Fläche aller vier Flügel ift blafs Laimfärbig und fchwarzgrau bandirt, auch zeigt fich
auf jedem Unterflügel ein fchwarzgraues Mondfleckchen. Die Bruft und die Füffe find blafs-
braungrau, leztere find dunkel braungrau gemengt und an den kleinen Gliedern fchwarzgrau
fcheckicht; der Hinterleib aber ift trüb Laimfärbig. Aus der Wienergegend.

BESCHREIBUNG

DER

PH. NOCT. SUBSEQUA.

mas.

IV. Tafel , Y.

Diefe Eule ift etwas merkliches kleiner als
die ihr gleich geftaltete, und faft gleich gezeichnete und gefärbte Ph. Noct. Pronuba *. Ihr Kopf
ift veilbraun, die Augen find grün; die Fühler

---

* Röfels Inf. Beluft. 4. Band t, 32. f. 4.

find oben veilbraun, unten aber blaſskupferfärbig. Der Halskragen iſt veilbraun und ſchwarz gezeichnet, auch der ganze Rücken des Vorderleibs iſt veilbraun. Die Oberflügel ſind hell veilbraun auf ihrer Mitte ſind ein nierenförmiger, und ein eiförmiger Fleck welche beide dunkelbraun und ſehr hell eingefaſt ſind; der Raum auf welchen ſie ſtehen iſt auch zugleich von einem dunklen mit hellen Wellenſtreifen begränzten Bande eingenommen; am Schwingrande ſind kleine weiſſe Fleckchen welche eigentlich der Anfang der hellen Wellenſtreifen ſind, wovon einer noch nahe an der Lenkung und ein anderer nahe am Saumrande herunter lauft; am Saumrande ſtehen ſieben ſchwarze Punkten und der Saum iſt braun. Die Unterflügel ſind goldgelb, an ihrem Unterrande und am Afterrande von der Lenkung aus braungrau ſchatticht, auf ihrer Mitte mit einem ſchwarzen nierenförmigen Fleck und am Saumrande mit einem ſchwarzen Band bemahlt; ihr Saum iſt blaſs goldgelb. Die untere Fläche iſt auf den Oberflügeln rotigelb und ſchwarzgrau ſchatticht, auf den Unterflügeln aber goldgelb, und wie auf der obern Fläche, bloſs etwas weniger ſchwarz bezeichnet und am Unterrande hellroth bemahlt. Der Hinterleib iſt blaſskupferfärbig, doch auf dem Rücken iſt er grau. Die Füſſe ſind auch kupferfärbig, und ſchwarzgrau geſprengt und geringelt. In den Wäldern im Grale; bei Niemierow.

NATURGESCHICHTE

DER

PH. NOCT. SCOTOPHILA.

mas. et foem.

IV. Tafel, Z.

Sie ist mit der Ph. Noct. Pyramidea * an Gröfse und Gestalt fast gleich. Ihr Kopf, die Schnauzen, die Fühler, der Rücken des Vorderleibs und die obere Fläche der Oberflügel sind ganz glänzend schwarzblau, ins veilrothe schielend; ihre Augen sind grün und der Sauger ist gelbbraun; die untern Flügel sind auf der obern Fläche glänzend kupfern und vom Saumrande einwärts ein wenig schwarzgrau schatticht; der Saum aller vier Flügel ist braungrau; auf der untern Fläche sind die Oberflügel grau und metallglänzend, die Unterflügel sind blos in ihrer Kupferfarbe bläffer als auf der obern und am Unterrande schwarzblau. Die Bruft und der Hinterleib sind glänzend schwarzgrau, die Füffe aber find braun, an den Schenkeln, schwarzgraublau behaart und geringelt. Aus der Wienergegend.

* Röfels Inf. Beluft. 1. Band NV. 2 Cl. t. 11. f. 4.

V. Ph. Noct. Circumflexa. W. Ph. Noct. Craccæ.
X. Ph. Noct. Uxor. Y. Ph. Noct. Subsequa.
Z. Ph. Noct. Scotophila.

Inhalt.

Inhalt.

BEITRÄGE
ZUR
GESCHICHTE
DER
SCHMETTERLINGE.
VIERTER THEIL.

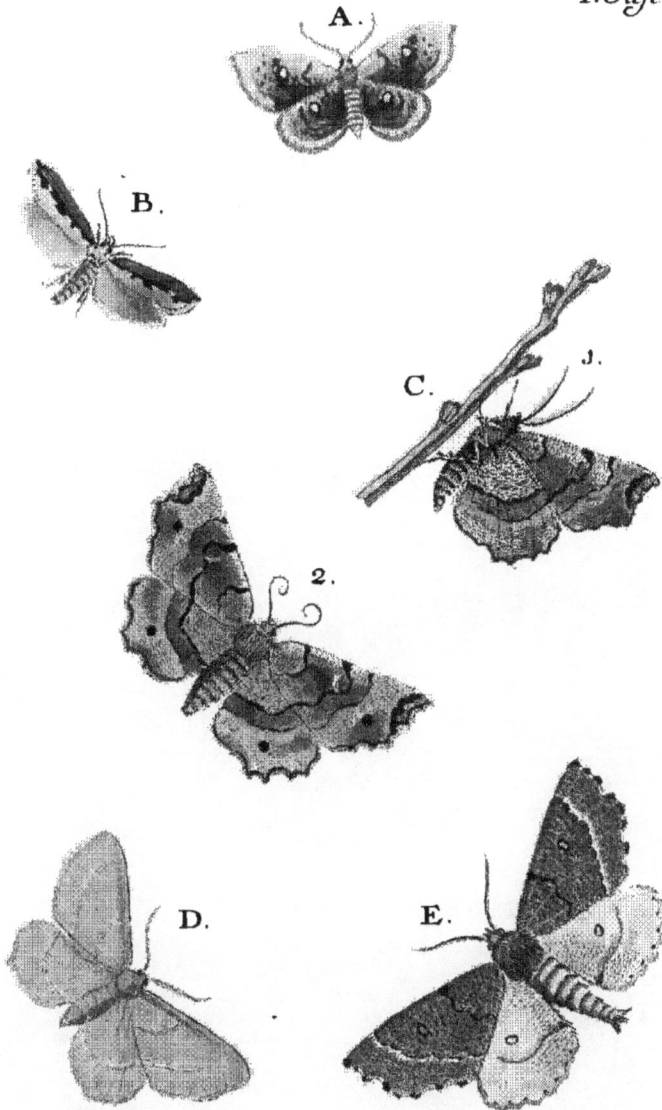

A. Ph. Geom. Albiocellaria. B. Ph. Tin. Echiella.
C. 1. 2. Ph. Geom. Lunaria. D. Ph. Geom. Verraria.
E. Ph. Geom. Dentaria.

BESCHREIBUNG
DER
PH. GEOM. ALBIOCELLARIA,

mas et foem.

I. Tafel. A.

Diese Phaläne hat mit der Ph. Geom. Punctaria* an Gröfse und Geftalt grofse Aehnlichkeit. Ihr Kopf ift blafs ockergelb, die Augen find grün-braun, der Sauger ift bräunlicht, die Schnau-zen, der ganze Leib, alle vier Flügel und die Fü-fse find blafs ockergelb. Die Flügel find auf beiden Flächen einander ähnlich gezeichnet; fie zeigen auf der obern in ihrem Mittel-raum ein rundes, weifses, fchwarz umringtes Fleckchen; zwei braunfchwarze zackichte Linien und eine Punctlinie find aufser dem Augenfleck-chen die Hauptzeichnungen, und weil felbige bei-nahe ganz mit braunfchwarzen Sprengeln ausge-füllt find, fo bekommen die Flügel beinahe das Anfehen, als ob fie ein eckichtes Band hätten; beim Männchen zeigt fich noch vorzüglich auf

* Knochs Beitr. zur Infect. I. St. t. 1. f. 4.

fer der Punctlinie ein fchattichtes, aus lauter
gelbbraunen Sprengeln beftehendes Bändchen,
welches am Haarrande am ftärkften ift; der Saum
ift gelbbraun. Das Weibchen unterfcheidet fich
auffer der Gefchlechtsverfchiedenheit auch ein
wenig von dem Männchen durch etwas lebhafte-
re Grundfarbe und ift dagegen fparfamer befprengt Auf der Unterfläche aber find die Flügel nur gelblich und haben die Punctlinie ausgenommen, keine Zeichnung mehr, als was blos
durchfcheint. Nur der Hinterleib des Männchens
ift auf dem Rücken ein wenig braunfchwarz
befprengt, In der Wienergegend.

BESCHREIBUNG
DER
PH. TIN. ECHIELLA.
mas. et foem.

I. Tafel. B.

Im erften Theile auf der erften Tafel ift eine
etwas gröfsere und viel ähnlich gezeichnete gleich
geftaltete Schabe abgebildet. Sie unterfcheidet
fich von jener nicht nur, durch die geringe Ver-
fchiedenheit des aus ungleichen viereckichten
fchwarzen Flecken zufammenhangenden Streifes
und weil der Raum am Schwingrande hin bei
diefer dunkelbraun ift, fondern auch, und vorzüglich durch die grauen Vorder-und Mittelfüse,
durch die gelbe Hinterfüfse den gelben Hinter-

leib und durch den gelblichen Afterrand der
Unterflügel. Auch mangeln dem Weibchen diefer Art die Puncte am After die jene Art deutlich aufweifst. Aus der Wienergegend.

BESCHREIBUNG
DER
Ph. GEOM. LUNARIA
mas et foem.

I. Tafel C. 1, 2.

Sie hat mit der Ph. Geom. Lunularia* fehr viel
ähnliches, fowohl an Gröfse und Geftalt, als auch
an Zeichnungen und Farben. Der Hauptunter-
fchied ift, aber zu fichtbar als das man überfe-
hen könnte, das gegenwärtige Art eine von jener ganz Verfchiedene fei. Auffer dem ftark
abgeänderten und beftändig gleichen Umrifs
der Flügel, ift die Grundfarbe auch fehr verfchieden und bei gegenwärtiger Art röthlich; die
Zeichnungen find anderft gefchlungen und über
diefs zeichnet im aufsern Raume ein grofser dunckler Punct der auf allen vier Flügeln, jedoch nur auf
der obern Fläche, fich fehen läfst, diefe Art von
mehreren ähnlichen Arten beftändig aus. In hiefiger Gegend felten, auch in den Gegenden bei
Niemierow nicht häufig.

BESCHREIBUNG
DER
Ph. GEOM. VERNARIA.

mas. et foem.

I. Tafel. D.

Diefe Phaläne hat einige Aehnlichkeit mit der
Fh. Geom. Margaritaria * Sie ift an der Stirne rothgelb und hat zwifchen den Fühlern welche gelbbraun gefiedert find einen weißen Streif, das
übrige des Kopfs aber, der Leib, die Flügel und
die Füße, nur die Augen ausgenommen welche
braun find und der Sauger welcher bräunlich, ift
ganz hell Grünfpangrün, auf der obern Fläche
über die Oberflügel find zwei weiße Streife und
über die Unterflügel deren nur Einer; auch ift
der Saum aller vier Flügel grün; die untere
Eläche ift etwas bläffer als die obere, die
dünne Beine aber find braungelb. In der Wienergegend.

* Knochs Beitr. z. Infgefch. I. St. t. 1 f. 1. Sefqui-
ftriataria, Geom. D. Schäffers Abb. reg. Inf. t. 122. f. 5.
Efpers Schmett. in Abb. 3. Thl. t. 72. f. 1. 2. Falcatä,
Bomb.

BESCHREIBUNG

DER
PH. GEOM. DENTARIA.

mas et foem.

I. Tafel. E.

Mit der Ph. Geom. Pennaria, welche im erften Theil * diefes Werckchens vorgeftellt ift,
ftimmt fie unter mehreren die Aehnlichkeit mit
ihr haben am genaueften überein. Ihr Kopf,
die Schnauzen und die Fühler find braungrau;
die Augen find braun, der Sauger ift braungelb
und der Leib, die Flügel und die Füfse find auch
braungrau; die Oberflügel aber find etwas dunkler als die Unterflügel und die Unterfläche beiderlei Flügels heller als die Obere, ihr Saum ift
weifs und fchwarzgrau gezähnt. Auf jedem Flügel und zwar auf beiden Flächen ift im Mittelraume ein eiförmiger fchwarzgrauer Ring, welcher
auf den Oberflügeln zwifchen zwei dunklen Bogenlinien, welche gleichfam diefe Flügel in drei gleiche Felder abtheilen, frei fteht; mehrere Zeichnungen zeigen fich auf den Oberflügeln gewöhnlicher
Weife nicht, doch gefchieht es zuweilen dafs
das Mänchen diefer Art an der aufsern Bogenlinie auswärts eine Weifsliche aufweifst; gemeiniglich aber find die Oberflügel voll fchwarzgrauer Sprengeln, welche dem Saume zu am

* T. 4. X.

häufigſten vorkommen; die Unterflügel haben
nur eine undeutliche Bogenlinie und zwar auſſer
dem Mittelzeichen, doch ſind ſie auch voll dunkler Sprengeln. In Anſehung der Zeichnungen
iſt die untere Fläche der obern beinahe gleich.
Aus der Augsburgergegend; etwas ſelten.

BESCHREIBUNG

DER

PH. NOCT. RUPICOLA.

mas.

II. Tafel. F.

Sie iſt nicht ſo grofs als die ihr ähnlich geſtaltete Ph. Noct. Ononis; *Ihr Kopf, die Schnauzen, der Halskragen und die Füſse ſind goldgelb;
die Augen ſind grünbraun und die Fühler ſind
braun; der Sauger iſt gelbbraun die Flügelge-
lenks decken und der Vorderleib ſind braun ins
Veilblaue ſchielend und weiſsſcheckicht; der Hinterleib aber iſt braun, die Gelenke deſſelben ſind
auf dem Rücken braungelb gerändet und der
After iſt auch braungelb. Die Oberflügel ſind
braun ins Veilblaue ſpielend; über ihre Mitte läuft
ein ſchattichtes Bändchen, auf welchem ein
ſchwarzes Pünctchen und Nierenflecken ſteht,
und zwey dunkle Zackenlinien ſchlieſsen ſie ein;
zwiſchen der äuſsern Zackenlinien und dem Saum-

2. Thl. t. 4. W.

rande ift ein rothbraunes Zackenbändchen; letzt
erwähnte Zackenlinie, und das Zackenbändchen
find am Schwingrande ein wenig mit Weifs beklei-
det; der Saum ift weifs, und am Saumrande hin
braun gezähnt. Die Unterflügel find bis auf ein
fchmales Bändchen welches am Saumrande hin
läuft und hellbraun ift, ganz dunkelbraun; ihr
Saum ift auch weifs und beinahe unmerklich,
braun gezähnt. Die untere Fläche der Flügel ift
dunkelbraun und fchwarzbraun fchatticht, am
Schwingrande find die Oberflügel braungelb gefleckt, und die Unterflügel zeigen am Saumrande ein braungelbes Bändchen. Aus Ungarn.

BESCHREIBUNG
DER
PH. GEOM. INSIGNATA.
mas. et foem.

II. Tafel. G.

Diefe Phaläne hat fowohl an Gröfse als Geftalt grofse Aehnlichkeit mit der Ph. Geom.
Innotata * Ihr Kopf, der Leib, die Flügel und
die Füfse find hellgrau; die Augen aber find braungrün, die Fühler gelbbraun, die Schnauzen dunkelgrau und der Sauger ift hellbraun. Die Flügel
find mit verfchiedenen fchwarzen ein - und mehr
fachen Wellenlinien und Streifen bezeichnet,

---

* Knochs Beitr. z. I. Gefch. I. St. t. 1. f. 8.

die Oberflügel zeichnen sich besonders recht artig aus, indem die Zeichnungen stärker und der Raum zwischen den mehrfachen Wellenlinien daselbst weiß ist, auf den Unterflügeln scheint er nur weißlich zu sein; die untere Fläche ist graulich, graufchatticht und dunkelgrau auf eine mit der Oberfläche übereinstimmende Weiße gezeichnet; das dritte Gelenk des Unterleibs hat über den Rücken einen schwarzen Rand, auch, hat das vierte und fünfte Gelenk an den Seiten ein schwarzes Strichchen; die Füße find an den vordern Gliedern schwarzbraungrau gezeichnet. Aus der Wienergegend.

BESCHREIBUNG
DER
PH. PYR. FIMBRIALIS.
mas et foem.

II. Tafel. H.

An Größ übertrift sie, die, ihr etwas ähnlich gestaltete, Ph. Pyr. Guttalis. * Ihr Kopf, die Schnauzen und die Fühler sind trübgoldgelb, die Augen sind grünbraun und der Sauger ist braungelb; der Leib und die Flügel sind purpurroth und graulich bestäubt; auf den Oberflügeln sind am Schwingrande zwei goldgelbe Flecken welche in trübe Wellenlinien übergehend sich bis an den Haarrand herab ziehen; auch find auf

* 1. Thl. t. 1. B.

den Unterflügeln zwei folche Wellenlinien, und
diefe ziehen fich vom Unterrande an den Afterrand herab; der Saumrand und der Saum aller
vier Flügel find goldgelb; die Unterfläche ift blos
bläffer als die Obere, und die Füfse famt der
Bruft find trübgelb. In der Wienergegend.

BESCHREIBUNG
DER
PH. GEOM. FURVATA
mas.

II. Tafel. I.

Sie hat einerlei Gröfse und eine groffe Aehnlichkeit mit der Ph. Geom? * Ihr Kopf ift grau,
die Fühler find braun, die Augen find dunkelgrün, die Schnauzen braungrau und der Sauger
ift gelbbraun; der ganze Leib ift hell und dunkelgrau gemengt; die Flügel find blafs braun, mit
dunkel und fchwarzgrau gemengt fehr dichte beftäubt, auf jedes Flügels Mitte ift ein ovales
fchwarzes Ringchen, und auf den Oberflügeln
find zwei fchwarze Zackenlinien welche ein fchattichtes Band begränzen; auf den Unterflügeln
aber zeigt fich nur Eine, welche ebenfalls den
hinter fich habenden Schatten einfchränkt. Ein
weniger auffallendes fchattichtes Wellenband ift
ohnweit vom Saumrande zu fehen, der Saum ift

---

* D. Schäff. Abb. reg. Inf. t. 128. f. 2. vermuthlich foll
diefe Abbildung die Ph. Furvata vorftellen.

glänzend gràu. Die untere Fläche aller vier Flügel ift hell graubraun, einwärts fchatticht, und mit einer dunklen Zackenlinie umgeben. Die Füfse find braungrau. In der Wienergegend.

BESCHREIBUNG
DER
PH. NOCT. L ALBUM.
mas. et foem.

II. Tafel. K.

An Gröfse und Geftalt ift fie beinahe mit der Ph. Noct. Pallens. ? * gleich. Ihr Kopf ift blafs laimfärbig und fchwarz bezeichnet, die Augen find grün, die Fühler braun, der Sauger ift bräunlich, auch die Schnauzen. der Halskragen, die Flügelgelenksdec en, der Vorderleib und die Oberflügel find blafs laimfärbig und fchwarz gezeichnet; auf der Mitte der Oberflügel ift ein weifses l. förmiges Zeichen, die Adern diefer Flügel find auch gröfstentheils weifs, von der Spitze des Flügels ziehen fich zwei hell graubraune Schattenftreife quer, einer dem Mittelraume zu und am Saumrande hin, der andere aber über den Mittelraum und bis zur Lenkung; dafelbft fteht, gerade hin, ein fchwarzer Strich, und neben ihm, am Haarrande hin, ein ähnlicher kleinerer; noch kleinere Strichen zeigen fich auf den Schattenftreifen mehr; und zwei Pünctchen, da-

* Kleemanns Beitr. zur Natur oder Infgefch. 1. Thl. t. 24. f. 4.

zwifchen ; der. Saumrand ift einwärts mit ganz
kleinen fchwarzen Dreiecken, und auswärts mit
einem hellen und dunkel gewäfserten Saum befezt. Die Unterflügel find hellgraugelb, auswärts fchatticht und dunkel geftreift; bei dem
Männchen zeigt fich gemeiniglich dem Afterrande zu ein fchwarzes Pünctchen; der Saumrand
diefer Flügel ift mit dunkelgrauen Puncten befezt, und der Saum ift an der Wurzel bräunlich
auswärts weifs und in der Mitte graubraun. Die
untere Fläche ift glänzend weifs und bräunlich
fpielend, am Schwingrande der Oberflügel ift ein
fchwarzes, und auf dem Mittelraum der Unterflügel ein ovales, graues Fleckchen; auswärts ift
ein Kreis von fchwarzen Streifchen, und der
Saumrand ift mit fchwarzen Pünctchen befezt.
Der Saum ift auf diefer Fläche nur einfärbig.
Der Hinterleib ift hellgelbgrau, und die männliche
Hälfte hat auf feinem Rücken nächft am Ober-
leibe zwei ungleiche fchwarze Höckerchen, auch
hat das Männchen am Bauche hinter den Füfsen
einen fchwarzen Bart und ift von da an bis an
den After, mit dem Weibchen gleich, zu beiden Seiten mit fchwarzen Puncten bezeichnet.
Die Füfse find eben fo gefärbt wie der Vorderleib und fchwarz geftreift. In der Wienergegend.

BESCHREIBUNG
DER
PH. NOCT. PALLENS.
mas. et foem.

II. Tafel L.

Sowohl an Größe und Geſtalt, als auch an
Farben iſt dieſe Phaläne der vorigen ähnlich.
Ihre Verſchiedenheit iſt aber groſs; der Kopf,
die Schnauzen und der Halskragen ſind hell olivengrün, und haben keine ſchwarze Zeichnungen; die Augen ſind braun und die Fühler
gelbbraun. Die Grundfarbe des Vorderleibs und
der Oberflügel iſt blaſs ockergelb, die Adern
auf den Oberflügeln ſind nur blaſs oder weiſs-
lich und zwiſchen ihnen ſind dunklere Striche;
auf dem Mittelraum ſteht ein ſchwarzes Pünctchen; der Saum iſt ganz einfärbig; die Unterflügel ſind weiſs, auswärts bräunlich ſchatticht und
grau geſtreift; der Saum iſt ganz weiſs. Die untere Fläche iſt weiſs ins bräunliche, vorzüglich
auf den Oberflügeln; auf jedem Flügel iſt ein
ſchwarzes Halbmöndchen und am Saumrande hin
zeigen ſich ſehr kleine ſchwarze Pünctchen; der
Hinterleib iſt ockergelblich und bei dem Männchen über und unter dem After mit zwei ſchwarzen Fleckchens bezeichnet; die Bruſt und die
Füſse ſind ockergelblich und blaſs olivenfärbig
geſtreift. In den Gegenden um Niemierow nicht
ſehr ſelten.

F.

G.

H.

I.

K.

L.

M.

F. Ph. Noct. Rupicola. G. Ph. Geom. Infignata.
H. Ph. Pyr. Fimbrialis. I. Ph. Geom. Furvata.
K. Ph. Noct. L'album. L. Ph. Noct. Pallens.
M. Ph. Pyr. Dentalis..

BESCHREIBUNG
DER
PH. PYR. DENTALIS.
mas et foem.
II. Tafel. M.

An Größe kömmt sie der Ph. Pyr. Pingui-
nalis * sehr nahe und an Gestalt haben beide
Aehnlichkeit mit einander. Das besondere was
dieser Zünsler an sich, am Haarrande führt, ist
ein Zahnförmiger Haarpüschel. Seine Augen
sind grüngelb, die Fühler gelbbraun. Der Kopf,
die Schnauzen, der Halskragen, die Flügelgelenksdecken, der Rücken des Vorderleibs und die Oberflügel sind hell und dunkel olivenfärbig, und
schwarz und weiß gezeichnet; die Hauptzeichnungen auf den Oberflügeln sind auf der Mitte, ein kleines ovales Ringchen, und ausser demselben ein schwarzer Zickzackstrich, und ein
dunkles ähnliches Strichchen, an der Lenkung
nahe, welches in den Haarzahn hinabgeht; der
Saum ist an der Wurzel gelblich, übrigens aber
weiß und schwarzgrün gezähnt. Die Unterflügel
sind grau auswärts schatticht, über die Mitte mit
einem dunkeln Zickzackstrich und am Afterrande
durch einen bräunlichen Spizfleck, bezeichnet; der
Saum ist weiß, die Wurzel aber desselben ist hellgrüngrau; der Hinterleib ist hellgrau; die untere Fläche der Oberflügel ist ganz grau bis an den Saum,

D. Schäffers Abb. reg. Ins. t. 60. f. 8. 9.

die der Unterflügel dagegen nur gräulich, grau-
fchattcht, und wie auf der obern Fläche gezeichnet; die Füfse find bräunlich. In der Gegend
um Augsburg felten.

BESCHREIBUNG
DER
PH- NOCT. PERSPICILLARIS.
mas. et foem.

III- Tafel. N.

Sie ift beinahe gleicher Gröfse und hat viel
ähnliches in ihrer Geftalt mit der Ph. Noct. Hy-
perici. * Ihre Farben find fehr fchön, auf den
Oberflügeln wie ineinander gefchmolzen; ein wenig Weifs, Veilblau, Olivenfarb und Schwarz
find die Farben, welche den Kopf, den Kragen, die Flügelgelenksdecken, den Rücken des
Vorderleibs und die obere Fläche der Oberflügel fo
artig bemalen. Ihre Augen find grün, die Fühler braun, die Schnauzen dunkelkupferroth und
der Sauger gelbbraun; der Halskragen wechfelt bo-
genweis in hellen und dunkeln Streifen; die Flügelgelenksdecken find nach ihrer Länge, ungleich,
geftreift und der Rücken des Vorderleibs auf
eine ähnhche Weife. Die Oberflügel zeigen an
der Lenkung, gleichwie die Ph. Noct. L album

---

* Vermuthlich wollte Hr. D. Schäffer diefe Eule, durch
die unter feinen Abb.'reg. Inf. t. 223. f. 4. befindliche
Figur, vorftellen.

zwei fchwarze Striche, und mehrere, nächft um
den befonders, gezeichneten Mittelfleck, wie
auch zwei Pünctchen am Haarrande, und fpiz-
eckichte Fleckchen am Saumrande. Auf der
Schwingrandfeite zeigt fich das Veilblaue, und
an der Haarrandfeite das Olivenfärbige vorzüg-
licher; der Saumrand aber ift rothbraun und
der Saum olivenbraun. Die Unterflügel find
einwärts graulich, auswärts dunckelgrau, und
kupferröthlich gefäumt. Die untere Fläche der
Oberflügel ift, von der Lenkung aus bis gegen
den Saumrand zu, dunkelgrau, an der Spize aber
und am Saumrande hin kupferroth und weifs
gezeichnet; die Unterflügel find auf diefer Fläche gräulich, in der Mitte mit einem fchwarzen
Punct und Schattenftrich gezeichnet und am Unterrande und Saumrande, kupferroth bemalt;
der Hinterleib ift auf dem Rücken grau, die
Höcker welche nur das Männchen auf dem Rücken aufweifst fchwarzbraun, die Seiten find
kupferröthlich behaart und der Bauch kupfer-
braun; die Füfse find gräulich und kupferroth
behaart. In hiefiger, auch in der Gegend bei
Niemierow, felten.

BESCHREIBUNG

DER

PH. PYR. NEMORALIS.

mas et foem.

III. Tafel. O.

Diese Phaläne ist nicht so groß als die ihr
etwas ähnliche Ph. Pyr. Farinalis * Ihr Kopf ist
goldgelb, die Schnauzen sind braun, die Fühler
gelblich und braun geringelt, die Augen grün
und der Sauger bräunlich. Sowohl der vorde-
re als hintere Theil des Leibes ist schwefelgelb
und goldgelb gezeichnet, jedoch nur auf dem
Rücken; am After ist er dunkel veilblau und an
der Brust und Bauch, bräunlich. Die Oberflügel sind durch zwei Bogenlinien in drei Räume
oder Felder getheilt; von ihrer Lenkung an bis
zur ersten Linie sind sie schwefelgelb, und goldgelb gezeichnet; der mittle Raum derselben auf
welchem zwei schwarze Pünctchen sind, ist gelbbraun und veilblau schatticht und schielend, der
aufsere Raum aber ist nur gelbbraun; der Saumrand ist braun und der Saum weiß und hellbraun
wechselnd; die Unterflügel sind bräunlich und
spielen ins Veilblaue, auf ihnen zeigen sich ebenfalls zwei düstere Bogenlinien; ihr Saumrand ist
braun, ihr Saum weiß und bräunlich wechslend.

D. Schäffers Abb. reg. Ins. t. 95. f. 8. 9.

Die untere Fläche der Oberflügel ift blos hel
gelbbraun und die, der Unterflügel bräunlich,
doch fieht man die Bogenlinien auch hier welche auf der Oberfläche find. Die Füfse find
bräunlich und an den Schenkeln veilbraun behaart. In den Gegenden um Niemierow auf Ha-
felnufsftauden, nicht felten.

NATURGESCHICHTE
DER
PH. NOCT. CAPSINCOLA,
mas. et foem.
III. Tafel. P. 1. — 3.

Die Samengehäufse der wilden Lychnisblume
find der Aufenthalt diefer Phaläne, und der Sa-
me ift ihre Nahrung im Raupenftande. Diefe
Art hat mit der Ph. Noct. Lucipara * grofse
Aehnlichkeit, fie ift etwas gröfser in jeder Geftalt. Die Raupe ift ganz blafs graubraun und
braun punctirt, auf dem Rücken am häufigften;
der glänzende Kopf ift über die Stirne herab
fchwarz geftreift und zu beyden Seiten punctirt,
ihr Gebifs aber ift fchwarzbraun. Auf jedem
Gelenk ift ein aus lauter fchwarzen Pünctchen
zufammenhängender Winkelftrich deffen Spize
oder Eck mitten auf dem Rucken an das nach-
folgende Gelenk ftöfst; hinter jedem diefer Win-
kelftriche, find zwei weifsliche Wärzchen, auch

* Knochs Beitr. z. Inf. Gefch. II. St. t. 1. f. 4. — 7.

find an den Seiten ähnliche Striche welche aber
umgekehrt find; die Klauen der Vorderfüfse
find braun und fchwarz geringelt. Die erwach-
fene Raupen find leicht zu entdecken, indem ihre Eingänge in die Samengehäufse fehr fichtbar
find und zuweilen erräth fie ihr ausgefchobener
Koth, welcher vor der Oefnung kleben bleibt.

Wenn fich diefe Raupe zu ihrer Verwandlung
in eine Puppe anfchiken will, fo geht fie unter
die Erde und macht fich mit Beihülfe eines fchwa-
chen Gefpinftes ein ovales Gewölbe worin fie
fich nach fieben Tägen ihrer Raupenhaut entle-
diget. Ihre Puppe hat eine auszeichnende Geftalt; fie hat nicht nur eine hervorragende
Schnauzenfcheide fondern auch ihre Sauger - und
Flügelfcheide fehr erhöht und am After hat fie
zwei gerade ausftehende Spizen; fie ift einfärbig,
hellrothbraun.

Einige aber kommen fchon nach zwanzig
und mehrern Tagen als Schmetterlinge zum
Vorfchein, einige aber auch erft im folgenden
Iahre wenn die Nahrungsblume fchon wieder
blüht; andere, die im Winter einen warmen Wohn-
platz hatten, laffen fich fchon im Anfang des
Iahrs oder auch etwas fpäter fehen. Diefer Schmetterling befitzt zwar keine reizende Schönheit,
indem er mit der Ph. Noct. Brafficä * nicht nur
an Geftalt fondern auch in Zeichnungen und Farben beinahe ganz übereinftimmt; dafs diefe Art

* Röfels Inf, Bel, I. B. N. V. 2. Cl. t. 29. f. 4. f.

aber nicht einerlei mit jener feie , beweifen obige , angeführte Umftände und auch die Ver-
fchiedenheit ihrer Gröfse, die verhältnifsmäfig
kürzere Flügel, die gröfsere Schnauzen und befondere Bauart des Rückens. In der Gegend
um Niemierow nicht felten.

BESCHREIBUNG
DER
PH- NOCT. CAELEBS.
mas. et foem. ◆

III- Tafel. Q.

Gegenwärtige Eule ift kleiner aber eben fo
geftaltet als die Ph. Noct. Parthenias * in ihren
Zeichnungen und Farben ift zwar kein grofser,
aber doch wefsentlicher Unterfchied. Es mangeln jener die auf den Oberflügeln am Saumrande hin befindliche fchwarze Striche, und diefer
dagegen der bunt gezähnte Saum; die Farbe auf
den Oberflügeln ift an diefer Art mehr grau als
braun, und die Zeichnungen find deutlicher. Die
Unterflügel find auf der obern Fläche viel bläffer
goldgelb und auf der Untern find die Oberflügel im Grunde nur trüb gelblich und gelb, auf
den Unterflügeln gar nur gelblich, da hingegen
bei der gröfsern Art alle vier Flügel hell, und
hochgoldgelb bemalt find. Aus der Wienergegend.

* Knochs Beitr. zur Infectgefch. II. St. t. 3. f. 8.

BESCHREIBUNG
DER
Ph. GEOM. AESTIVARIA
mas et foem.

III. Tafel R.

Sie ift gleicher Gröfse und hat beinahe gleiche Geftalt Zeichnungen und Farben mit der Ph.
Geom. Thymiaria.* Ihr Kopf ift blaugrün; ihre
Augen find braungrün, die Stirne ift hellbraun,
die Schnauzen find gelbbraun und der Sauger ift
braungelb; die Fühler find blafsgrün und braun
geringelt, bei dem Männchen gelbbraun gefiedert; auch geht ein weifses Streifchen quer über
die Stirne, der Rücken des Oberleibs ift ganz
blaugrün; beiderlei Flügel find ebenfalls blaugrün und mit weislichen Wellenftreifen, welche
einwärts gleiche Schattichte an fich haben, gezeichnet; auf den Oberflügeln zeigen fich deren
zwei, auf den Unterflügeln aber nur einer, und
auf jedem Flügel läfst fich ein fchattichtes dun-
kelgrünes Halbmöndchen fehen; der Schwingrand ift braunlich und blaugrün gemengt, der
Saumrand dunkelgrün und der Saum ift an den
Wurzeln ebenfalls bräunlich, auswärts aber
weifs und durchaus blaugrün gezähnt; die untere Fläche aller vier Flügel ift blafs blaugrün,
bis an den Schwingrand welcher bräunlich ift;

---

* D. Schäffers. Abb. reg. Inf. t. 202. \f. 1.

der Hinterleib ift grünlich und braunröthlich beftäubt; die Füſse dagegen find bräunlich und
grünbraun beftäubt. Diefs ift nun eine vollftän-
dige Befchreibung diefer Art, und doch halte
ich es nicht für überflüffig den Unterfchied, zwifchen diefer, und jener oben Angeführten, noch
genau zu entwickeln. Die Fühler diefer Phaläne
find nur bei dem Männchen ein wenig, bei dem
Weibchen gar nicht gefiedert, hingegen bei dem
Weibchen jener Art fchon ftärker als bei diefem Männchen und das Männchen jener Art
hat fehr ftark gefiederte Fühler; der Umrifs der
Flügel ift auch etwas anderft, die Grundfarbe ift
dort gelbgrün und der Saum braun gezähnt; auch
zeigt fich auf der untern Fläche aller vier Flügel,
bei jener Art, ein gemeinfchäftlicher weifslicher
Wellenftrich, diefe Art hingegen hat auf der
untern Fläche ihrer Flügel keine Zeichnungen
aufzuweifsen. In der Gegend um Niemierow
nicht felten.

BESCHREIBUNG
DER
PH. GEOM. FASCIARIA.
mas. et foem.

III. Tafel. S.

Sie ift nicht fo grofs als die ihr nächft anver-
wandte Ph. Geom. Margaritharia * Ihr Kopf
ift olivengrün, oder blafsbraunroth; die Augen

* Knochs I. St. t. 1. f 1. Sefquiftriataria, Geom.

find braun, die Fühler weils und gelbbraun gefiedert, die Stirne ift hellbraun, die Schnauzen find
bräunlich und der Sauger ift braungelb, nur der
Rücken des Vorderleibs ift ganz olivengrün, oder
blafs braunroth; die Flügel aber find auch dabei
weifslich geftreift; die Oberflügel find dunkler
als die Unterflügel und haben zwei Streifen welche weifslich find und einen dunklen Schatten
gegen einander werfen, fo dafs der Zwifchen-
raum einem Band ähnlich ift; die Unterflügel
haben nur Einen welcher feinen Schatten einwärts wirft; der Schwingrand ift braungelb und
der Saum aller vier Flügel ift braunröthlich; die
untere Fläche ift nur bläffer als die obere, der
Hinterleib, die Bruft wie auch die Füfse, find
braunröthlich und leztere an den Schenkeln olivengrün behaart. In den Gegenden um Augsburg etwas felten.

BESCHREIBUNG
DER
PH. NOCT. DIFFINIS.
mas. et foem.

IV. Tafel. T.

Diefe Eule ift gleicher Gröfse und Geftalt
mit der Ph. Noct. Affinis * auch ftimmen beider
Zeichnungen beinahe ganz überein, die Farben
dagegen find bei diefer Art ganz trüb. Ihr Kopf

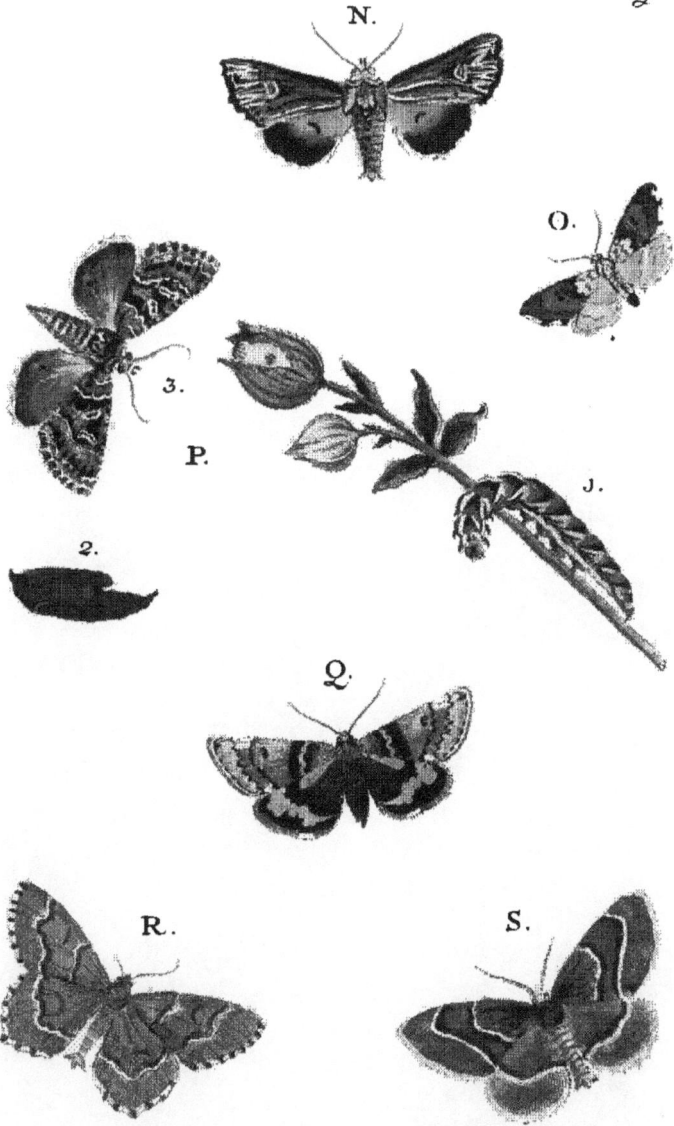

N. Ph. Noct. Perspicillaris. O. Ph. Pyr. Nemoralis.
P. 1–3. Ph. Noct. Capsincola. Q. Ph. Noct. Cælebs.
R. Ph. Geom. Aestivaria. S. Ph. Geom. Prasinaria.

ift blafs ziegelbraun, die Augen find grüngelb,
der Sauger ift braungelb, die Fühler find gelbbraun, der Vorderleib ift auf dem Rücken blafs
ziegelbraun, die Oberflügel find auf der obern
Fläche auch blafs ziegelbraun, dunkel auch grau
fchatticht bandirt und trübröthlich geftreift; auf
ihrem Mittelraume find drei helle Ringfleckchen
beifammen; der Saum ift braun. Die Unterflügel
find auf der obern Fläche dunkelgrau und auswärts
braunfchwarz fchatticht, und ihr Saum ift hell
ockergelb. Die untere Fläche der Oberflügel
ift bis an den Rand welcher Ziegelbräunlich ift,
braunfchwarz, die Unterflügel find bräunlich, auswärts braunfchwarz und einwärts grau fchatticht,
auch im Mittelraume mit einem dunklen Halbmöndchen gezeichnet. Der Hinterleib ift grau,
an den Gelenken und am After trüb ockergelb
gerändet. Die Schnauzen, die Bruft der Bauch
und die Füfse find ockergelblich und ein wenig
grau gemengt. Aus der Wienergegend.

BESCHREIBUNG
DER
PH. GEOM. OMICRONARIA.

mas. et foem.

IV. Tafel. U.

Sie ift an Gröfse mit der in diefem Theile auf
der erften Tafel abgebildeten Ph. Geom Albiocellaria gleich, und hat nicht nur in ihrer Ge-

ftalt fondern auch in den Zeichnungen grofse
Aehnlichkeit mit derfelben. Die Verfchieden-
heit befteht eigentlich darinn: dafs diefe nur
ockergelblich an Farbe; dafs auf den Flügeln
eine deutliche Zackenlinie die auffer dem Mittelzeichen bei jener befindliche Punctlinie ver-
tritt, wie auch darinn, dafs der Saumrand aller
vier Flügel mit fchwarzen Strichen bezeichnet
ift; auf der untern·Fläche welche bläffer ift als
die obere find nur die Zackenlinie und die Saum-
randftrichchen deutlich zu fehen. In den Gegenden um Niemierow nicht felten.

BESCHREIBUNG
DER
PH. GEOM, FULVATA.
mas et foem.

IV. Tafel. V.

Sie ift nicht fo grofs als die ihr etwas ähnlich geftaltete Ph. Geom. Obelifcata. * Ihr Kopf
ift blafs gelb, die Schnauzen find hochgelb, der
Sauger ift bräunlich, die Augen find gelbgrün,
und die Fühler braungelb und blafsgelb geringelt,
Der Rücken des Vorderleibs ift hochgelb. Die
Oberflügel find eigentlich nur bleichgelb, aber
ein breites, eckichtes, goldgelbes durch Nüancen ins braune übergehendes, fchwarzbraun-
bezeichnetes Band und hochgelbe braungelb

* 2. Thl. t. 1. C.

gezeichnete und fchattichte Bandftreifen, benehmen ihnen diefs Anfehen gänzlich, indem nur die Spize noch bleichgelb ift und das eckichte. Band zu beiden Seiten ein wenig dadurch erhöht wird; Die Unterflügel find ganz bleichgelb; der Saum aller vier Flügel ift hellgelb und klein , gelbbraun gezähnt; die untere Fläche ift an beiderlei Flügel blafsgelb, hat auf den Oberflügeln keine Zeichnungen als die von der obern Fläche durchfcheinen, dagegen zeigt fich auf den Unterflügeln ein hellbrauner Streif; die Bruft, die Füfse und der Hinterleib find blafsgelb. Aus der Wienergegend.

BESCHREIBUNG
DER
PH. NOCT. SOLARIS.
foem.

IV. Tafel W.

Sie ift gröfser als die ihr ähnliche Ph. Noct. Luctuofa. * Ihr Kopf ift blaugrau mit braungrau gemengt, die Fühler find fchwarzbraun, die Schnauzen find weifs und ihr Spitze ift grau, der Sauger ift fchwarzbraun der Rücken des Vorderleibs ift blau grau, braungrau gemengt , und mit fchwarzen Puncten gezeichnet; die Oberflügel find dunkelgrau und weifs , mit graublauen Flecken bemalt; nächft an der Lenkung, auf einem grofsen weif-

* D. Schäffers Abb. reg. Inf. t. 51. f. 11. 12.

sen Felde welches mit verfchiedenen graublauen Fleckchen angefüllt ift, fteht ein fchwarzer Punct; das dunkelgraue Band, welches über die Mitte läuft, ift im Mittelraume mit einem Punct und einem beinahe achterförmigen graublauen Zeichen und mit fchwarzen Fleckchen bezeichnet, ein aus blaugrauen und braungrauen Wellenlinien beftehendes Bändchen kömmt düftern hinter der Flügelfpitze vom Schwingrande herab, läfst zwifchen fich und dem vorigen Bande einen anfehlichen weifsen Fleck, und fchmiegt fich unter demfelben an das dunkle Band; der noch übrige Raum ift weifs und mit grau blauen Fleckchen angefüllt; der Saumrand ift mit fchwarzen Pünctchen befezt, der Saum ift zur Hälfte braun grau und braun gefleckt und zur Hälfte ganz weifs. Die Unterflügel find braunfchwarz und weifs gefleckt; ihr Saum ift weifs und zur Hälfte braunfchwarz gefleckt. Die Unterfläche ift braunfchwarz, weifs, blaulichgrau und fchwarz, auf eine mit der obern Fläche übereinftimmende Weifse, gefleckt Der Hinterleib ift auf dem Rücken grau und an den Gelenken weifslich gerändet, am Bauche weifs und wie auch an den Seiten, mit fchwarzen Puncten befezt; der After ift braungelb, die Bruft ift weifs, und die Füfse find blaulich und dunkelgrau geringelt. In der Gegend bei Niemierow felten.

BESCHREIBUNG
DER
Ph. GEOM. LITURATA.
mas. et foem.

IV. Tafel. X.

Ohngefähr ift diefe Phaläne der ihr ähnlich
geftalteten Ph. Geom Wauaria * gleich. Ihr Kopf,
die Schnauzen, die Fühler, das Halsband und
der Halskragen find ockergelb, die Augen find
braungrün und der Sauger ift braun. Der Rücken des Vorderleibs ift ganz veilgrau, die Flügel find veilgrau und haben auswärts ein ocker-
gelbes, ins Ockerbraunfchattichtes Band, die
Oberflügel find am Schwingrande mit fchwarzen Characktern gezeichnet welche in braune
Wellenftriche übergehen, die fogar auch über
die Unterflügel bis an den Afterrand laufen,
und übrigens find fie nur noch dunkel beftäubt,
der Saum ift braun. Die untere Fläche ift bräunlich, blafs ockergelb fchatticht bandirt und braun
gefprengelt; auf den Oberflügeln ift an der Spize ein weifser Fleck, und auf den Unterflügeln
im Mittelraum ein brauner Punct. Der Hinterleib ift blafs ockergelb und auf dem Rücken
grau befprengt und fchwarz punctirt; die Bruft
und die Füfse find blafs ockergelb. In der Augsburger Gegend nicht felten.

* Röfels Inf. Bel. 1. B. N. V. 3. Cl. t. 4. f. 4.

BESCHREIBUNG
DER
PH. GEOM. TAMINATA.

foem.

VI. Tafel. Y.

Diefe Phaläne ift gröfser als jene ihr fehr ähnliche Ph. Geom. Sylveftrata * Ihr Kopf ift weifs,
die Stirne und die Schnauzen find braun, der
Sauger ift braungelb, die Augen find grün und
die Fühler gelbbraun, der Vorderleib ift weifs,
der Hinterleib bräunlich, die Flügel find weifs,
auf der obern Fläche mit einem fchwarzen Mit-
telpunct und mit braunen Zackenlinien, welche
am Schwingrande durch zwei fchwarze Flecken
entftehen, gezeichnet und bräunlich gerändet,
beftäubt und gefäumt; auf der untern Fläche
find die Mittelpuncte in braune Fleckchen, und
die Zackenlinien in Punctlinien verwandelt; der
Schwingrand ift bräunlich und an demfelben
hin ift ein graulicher Schatte; die Füfse find
bräunlich und braungrau gezeichnet. In den Gegenden um Niemierow nicht felten.

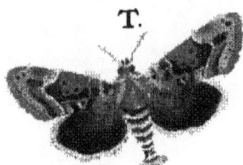

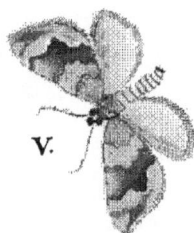

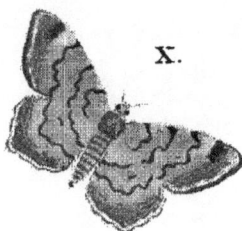

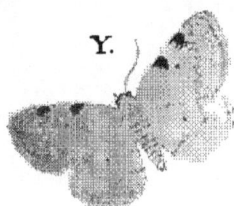

T. *Ph. Noct. Diffinis.* U. *Ph. Geom. Omicronaria.*
V. *Ph. Geom. Fulvata.* W. *Ph. Noct. Solaris.*
X. *Ph. Geom. Liturata.* Y. *Ph. Geom. Taminata.*
z. *Ph. Noct. Conigera.*

BESCHREIBUNG

DER

PH. NOCT. CONIGERA,

mas.

IV. Tafel. Z.

Sie ist beinahe so groß als die ihr verwandt-
te Ph. Noct. Virens. * Ihr Kopf, die Schnauzen , der Vorderleib und die Oberflügel find
lebhaft rothockergelb , die Augen dunkelbraun, die Fühler find von ihrer Wurzel an
ein wenig weiß und hellgrau gefiedert, der
Sauger ist gelbbraun ; die Oberflügel find im Mittelraume dunkel fchatticht und mit einem hellen
Fleckchen welches abwärts weiß ist, bezeichnet ;
inner demfelben, ist ein brauner Winkelstrich und
außer felbigem ein gleichfärbiger gebogener Streif ;
am Saumrande hin find fie auch fchatticht und der
Saumrand ist rothbraun ; der Saum ist hell-
braunroth ; die Unterflügel find glänzend roth-
ockergelblich und auswärts hell braunroth fchatticht, der Saumrand ist braunroth und der
Saum braunröthlich; die untere Fläche aller vier

* Knochs Beitr. z. Infgefch. II. St. t. 1 f. 1.

Flügel ist blaſs braunroth, mit einer braunrothen Bogenlinie, wie auch mit einem Mittel-
flecken auf den Unterflügeln, gezeichnet. Der
Hinterleib und die Füſse sind auch blaſs braunroth. Aus der Wienergegend.

NACHERINNERUNGEN.

Abietis, Bomb. *Tannenspinner*, 3. Thl. A. 1.
Syft. Verz. d. Schmett. d. W. G. Bomb. G. 2. Abietis, Tannenspinner.

Aenea, Noct. 3 Thl. D.
Syft. Verz. d. Schmett. d. W. G. Noct. Q, 6. Aenea.

Aeftivaria, Geom. *Schattenlindenspanner*, 4. Thl. R.

Affinis, Noct. *Aefpeneule*, * 1. Thl. E.
Syft. Verz. d. Schmett. d. W. G. Noct. T, 10. Diffinis, Feldulmeneule.

Efpers Schmett. in Abb. 4. Thl. t. 55. f. 2. Diffinis, Noct.

Albiocellaria, Geom. 4. Thl. A.

Alfus, Pap. ** *Steinkleefalter*, 1. Thl. N.
Syft. Verz. d. Schmett. d. W. G. Pap. N, 14. Argus, Stechginfterfalter.

D. Gladbachs neue europ. Schmett. 1. Thl. t. 28. f. 1. 2. das blaue Silberaug.

Anthracinella, Tin. *Mauerpfefferfchabe*, 1. Thl. Q.
Syft. Verz. d. Schmett. d. W. G. Pyr. B, 46. Anthracinalis und Tin. B, 60. Anthracinella, Mauerpfefferfchabe.

Apiciaria, Geom. 3. Thl. O.
Syft. Verz. d. Schmett. d. W. G. Geom. F, 14. Apiciaria.

---

* Diefer Name ift mit Diffinis, Noct. Feldulmeneule zu verwechslen.
** Auch diefer Name geht ab; überhaupt wünfche ich dafs die Namen des fyft. Verzeichniffes andern vorgezogen würden. Die zwei weiffe, warzenförmige Knöpfchen welche die Raupen auf dem zwölften Gelenk tragen, find eine Art Schneckenhörner welche am Ende mit etlichen Spitzen gleich einem * befezt find. Diefe Hörner ziehen die Raupen ein und ftrecken fie nur äufferft felten aus.

Arcuana, Tort. 2. Thl. P.

Syſt. Verz. d. Schmett. d. W. G. Tort. B, 11. Arcuana.

Argentu.a, Noct. 2. Thl. F.

Syſt. Verzeich. d. Schmett. d. W. G. Tort. B. 1. Olivana. *

Atralis, Pyr. 3. Thl. K.

Auroraria, Geom. 2. Thl. Y.

Syſt. Verz. d. Schmett. d. W. G. Géom. N, 16. Conſpicuata. **

Frankfurter Beitr. 2. Band 1 Heft. Conſpicuata Geom.

Betulana, Tort. *Birkenwickler*, 2. Thl. A.

Bifasciana, Tort. 2. Thl. M.

Bombycata, Geom. 2. Thl. K.

Syſt. Verz. d. Schmett. d. W. G. Geom. E, 6. Obliquaria.

Cælebs, Noct. 4. Thl. Q.

Eſpers Schmett. in Abb. 4. Thl. t. 27. f. 2. 3. Puella, Noct.

Capſincola, Noct. *Lichnisſaameneule*, 4. Thl. P.

Syſt. Verz. d. W. G. Noct. P, 6. Capſincola, Lychnisſaameneule.

Ceraſana, Tort. *Kirſchenwickler*. 1. Thl. H.

Circumflexa, Noct. *Schaafgarbeneule*. 3. Thl. V.

Syſt. Verz. d. Schmett. d. W. G. Noct. Z, 4. Circumflexa, Schaafgarbeneule.

Eſpers Schmett. in Abb. 4, Thl. t. 32. f. 56. Circumflexa. Noct.

Combinella, Tin. *** 1. Thl. C.

* Dieſe Art kan dem Anſehen nach, nichts anders als eine Eule ſein; auch vermuthe ich daſs ſie wie die Sulphurea aus einer Halbſpannraupe kommt.

** Würde ſchicklicher Conſpicuaria heiſſen.

*** Dieſe Art könnte ſchicklicher Comtrella genannt werden, weil ſie nicht die Combinella d, Syſt. Verz. iſt.

Communimacula, Noct. 1. Thl. O.

Syft. Verz. d. Schmett. d. W. G. Noct. Q, 7. Communimacula.

Complana, Noct. *Papelbaumeule.* 3. Thl. F.

Syft. Verz. d. Schmett. d. W. G. Noct. C, 4. Complana, Papelbaumeule.

Efpers Schmett. in Abb. 4. Thl. t. 13. f. 7. 8. Complana, Noct.

Conigera, Noct. 4. Thl. Z.

Syft. Verz. d. Schmett. d. W. G. Noct. Q, 3. Conigera.

Efpers Schm. in Abb. 4. Thl. t. 44. f. 5. Floccida, Noct.

Craccæ, Noct. *Vogelwickeueule.* 3. Thl. W.

Syft. Verz. d. Schmett. d. W. G. Noct. A a,3. Craccæ, Vogelwickeneule.

Cribrumella, Tin. *Diftelfchabe* * 1. Thl. W.

Syft. Verz. d. Schmett. d. W. G. Noct. C, 8. Cribrum.

Culta, Noct. *Holzbirneule,* 2. Thl. R.

Syft. Verz. d. Schmett. d. W. G. Noct. F, 4. Culta; Holzbirneule.

Efpers Schmett. in Abb. 4 Thl. t. 41. f. 4. Culta, Noct.

Dentalis, Pyr. 4. Thl. M.

Syft. Verz. d. Schmett. d. W. G. Pyr. A, 14. Dentalis.

Efpers Schmett. in Abb. 4. Thl. t. 47. f. 2. 3. Radiata, Noct.

Dentaria, Geom. 4. Thl. E.

Diffinis, Noct. *Feldulmeneule.* ** 4. Thl. T.

Syft. Verz. d. Schmett. d. W. G. Noct. T, 11. Affinis, Acfpeneule.

Efpers Schmett. in Abb. 4 Th. t. 55. f. 1. Affinis, Noct.

Dodecadactyla, Aluc. 1. Thl. R.

* Ihre Raupe lebt im Mark der Difteln, und überwintert darinn, fie ift eine Schabe.

** Diefer Name ift mit Affinis, Noct. Aefpeneule zu verwechslen.

Eborina, Noct. 3. Thl. Q.

Syft. Verz. d. Schmett. d. W. G. Noct. C, 5. Eborina.

Efpers Schmett. in Abb. 4. Thl. t. 14. f. 4. Eborea, Noct.

Echiella, Tin. *Natterkopffchabe*. 4. Thl. B.

Syft. Verz. d. Schmett. d. W. G. Tin. C, 54. Echiella; Natterkopffchabe.

Fafcia Noct. 2. Thl. H.

Fimbrialis, Pyr. 4. Thl. H.

Syft. Verz. d. Schmett. d. W. G. Pyr. B, 38. Fimbrialis.

Flexula, Bomb. 1. Thl. Z.

Syft. Verz. d. Schmett. d. W. G. Bomb. T. 3. Flexula.

Fulvago, Noct. *Traubeneicheneule*. 1. Thl. F.

Syft. Verz. d. Schmett. d. W. G. Noct. S, 2. Croceago; Traubeneicheneule.

Fulvata, Geom. 4. Thl. V.

Syft. Verzeich. d. Schmett. d. W. G. Geom. M, 4. Fulvata.

Furvata, * Geom. *Mehlbaumfpanner*. 4. Thl. I.

Syft. Verz. d. Schmett. d. W. G. Geom. I. 1. Furvata, Mehlbaumfpanner.

Kleemanns Beitr. z. Nat. oder Inf. Gefch. 1. Thl. t. 27. f.

Galactodactyla, Aluc. *Windengeiftchen*. 1. Thl. V.

Syft. Verz. d. Schmett. d. W. G. Aluc. 6. Pterodactyla; Windlinggeiftchen. t. 1, b. f. 8.

Guttalis, Pyr. 1. Thl. B.

Syft. Verz. d. Schmett. d. W. G. Pyr. B, 45. Guttalis.

D. Schäffers Abb. reg. Inf. t. 129. f. 6. 7.

---

* Die Befchreibung und Abbildung diefer Art ift beinahel überflüffig weil folche fchon vor mehreren Iahren von Herrn Kleemann trefflich vorgeftellt worden; der Fehler, daß fie hier auch erfcheint, ift blos meiner zu fpäten Selbfterinnerung zuzufchreiben.

Hartmanniana, Tort. 2. Thl, N.

  D. Schäffers Abb. reg. Inf. t. 236. f. 5. 6.

Holmiana , Tort. *Birnwickler*. 3. Thl. C.

  Syft. Verz. d. Schmett. d. W. G. Tort. B, '16. Holmiana ; Birnwickler.

Hymenæa , Noct. *Schwarzdorneule*. 3. Thl. S.

  Syft. Verz. d. Schmett. d. W. G. Noct. X , 8. Hymenæa ; Schwarzdorneule.

  Efpers Schmett. in Abb. 4. Thl. t. 27. f. 1. Hymenæa ,
Noct.

Infignata, Geom. 4, Thl. G.

L album , Noct. *Hundsribbeneule*. 4. Thl. K.

  Syft. Verz. d. Schmett. d. W. G. Noct. Q, 9. L album,
Hundsribbeule.

  Efpers Schmett. in Abb. 4. Thl. t. 11. f. 3. 4. L album
Noct.

  D. Schäffers Abb. reg. Inf. t. 92. f. 4.

Lecheana, Tort. *Ahornwickler*, 2. Thl. Q.

  Syft. Verz. d. Schmett. d. W. G. Tort. B , 3. Lecheana ; Ahornwickler.

Leucatella, Tin. 3. Thl. B.

  Syft. Verz. d. Schmett. d. W. G. Tin. C, 42. Leucatella.

Lineolata , Geom. 2. Thl. V.

Linogrifea, * Noct. 2. Thl. X.

  Efpers Schmett. in Abb. 4. Thl. t. 29. f. 3. Sericata,
Noct.

Literana , Tort. 3. Thl. G.

  Syft. Verz. d. Schmett. d. W. G. Tort. A, 5. Literana.

---

* Diefer Name ift fchon einer andern Art eigen, deswegen ift es nö-
thig ihr auch einen eigenen zu geben ; da der Efperifche wegen feiner Endigung nicht gebraucht werden kan , fo wählte ich für fie
zum Namen Profpicua.

Liturata, Geom. 4. Thl. X.

> Syft. Verz. d. Schmett. d. W. G. Geom. G, 10.
> Liturata.

Luctuata, * Geom. 1. Thl. Y.

Lupulina, Bomb. 1. Thl. T.

> Syft. Verz. d. Schmett. d. W. G. Bomb O, 4. Hecta,
> Efpers Schm. in Abb. 4. Thl. t. 1. f. 5. 6. Hecta, Noct.

Lunaria, ** Geom. *Holzapfelfpanner*, 4. Thl. C.

> Syft. Verz. d. Schmett. d. W. G. Geom. F, 7. Lu-
> naria. Holzbirnfpanner. *** t. 1. b f. 4.

Lunaris, Noct. *Truffeicheneule.* 1. Thl. I.

> Syft. Verz: d. Schmett. d. W. G. Noct. A a, 1. Lu-
> naris; Truffeicheneule.
> Efpers Schmett. in Abb. 4. Thl. t. 8. f. 4. u. t. 9. f. 1.
> Augur. Noct.

Lunularia, Geom. *Holzbirnfpanner.* 3. Thl. T.

> Syft. Verz. d. Schmett. d. W. G. Geom. F, 7. Lu-
> naria; Holzbirnfpanner ****. t. 1. b. f. 4?

Luteola, Noct. *Steinflechteneule.* 3. Thl. E.

> Syft. Verz. d. Schmett. d. W. G. Noct. C, 3. Lu-
> teola, Steinflechteneule.
> Efpers Schmett. in Abb. 4. Thl. t. 14. f. 1. 2. Deplana,
> Noct.

Macularis, ***** Noct. 2. Thl. E.

---

* Diefs ift nicht die Luctuata d. Syft. Verz. weswegen ihr, weil fie auch eben fo wenig Triftata oder eine andere dafelbft verzeichnete Art ift, ein neuer Name genört; aus der grofsen Aehnlichkeit die fie mit der Haftata hat, glaube ich fie mit Recht Haftulata nenren zu dörfen.

** Die Herren Verfaffer des Syft. Verz. geben fechserlei Spielarten von diefer Art und diefe für Eine von den feltenern darunter an; ich bin anderer Meinung davon und halte Ihre erfte, zweite, fünfte und fechste Spielatt, jede für eine eigene Art.

*** Fünfte Spielart. Seite 283.

**** Erfte Spielart. Seite 281.

***** Ift in der Gegend bei Rom, laut zuverläffigen Nachrichten gefangen worden.

Maculata, * Geom. 1. Thl. P.

Margaritella, Tin. 2. Thl. Z.

> Syft. Verz. d. Schmett. d. W. G. Tin. B, 5. Marga-
> garitella.

Marginalis, Pyr. 1. Thl. K.

> Syft. Verz. d. Schmett. d. W. G. Noct. C, 13. Mar-
> ginea, u. Pyr. B, 4. Marginalis.

Mi, Noct. *Sichelkleeeule.* 3. Thl. N.

> Syft. Verz. d. Schmett. d. W. G. Noct. A a, 4. Mi.
> Sichelkleecu'e.

> D. Gladbachs neue europ. Schmett. 1. Thl. t. 12. f. 1.
> 2. das kleine Steindeckergen.

> Efpers Schmett. in Abb. 4. Thl. t. 10. f. 3. 4. Mi, Noct.

Modefta, ** Noct. 1. Thl. A.

> Efpers Schmett. in Abb. 4. Thl. t. 31. f. 4. Cuprea,
> Noct.

Moneta, Noct. 3. Thl. P.

> Efpers Schmett. in Abb. 4. Th. t. 33. f. 1. Flavago,
> Noct.

Nemoralis, Pyr. 4. Thl. O.

> Syft. Verz. d. Schmett. d. W. G. Pyr. B, 34. Ne-
> moralis.

Nivearia, Geom. 3. Thl. R.

> Syft. Verz. d. Schmett. d. W. G. Geom. O, 4. Ni-
> vearia.

---

* Diefer Art, welche mit der Ph. Marginata viel Aehnlichkeit hat,
mufs ein anderer Name gegeben werden; der Name Nœvata bezeichnet fie.

** Das Urbild, wornach ich fie befchrieben und gemalt habe, war
nicht mehr deutlich genug, um eiue gute Abbildung davon liefern
zu können. Sie ift insgemein gröfser; die Zeichnungen im Mittelraume find eigentlich fo, wie bei der Chryfitis, aber heller als
die Grundfarbe, welche bei den Stücken die ich jezo befitze, fehr
lebhaft ift. Was mufs wohl Herr Efper für Stücke diefer Art zum
abbilden gehabt haben, dafs die Abbildung fo übel ausfieht?

Obeliscata, Geom. *Pechtannenspanner.* 2. Thl. M. C.
  Syft. Verz. d. Schmett. d. W. G. Geom. K, 27. Variata; Pechtannenspanner.

Ochracea, * Noct. *Kænigskerzeneule.* 1. Thl. M.
  Syft. Verz. d. Schmett. d. W. G. Noct. S, 5. Flavago; Königskerzeneule.
  Espers Schmett. in Abb. 4. Thl. t. 33. f. 2. Flavago, Noct.

Octogesimea, ** Noct. *Wintereicheneule.* 1. Thl. G.
  Syft. Verz. d. Schmett. d. W. G. Noct. T, 7. Rufficollis; Wintereicheneule.
  Espers Schmett. in Abb. 4. Thl. t. 40. f. 4. Octogena, Noct.

Omicronaria, Geom. *Maffernspanner.* 4. Thl. V.
  Syft. Verz. d. Schmett. d. W. G. Geom. H, 3. Omicronaria; Maffernspanner.

Ononis, Noct. *Hauhecheleule.* 2. Thl. W.
  Syft. Verz. d. Schmett. d. W. G. Noct. W, 4. Ononis. Hauhecheleule.

Pallens, Noct. *Butterblumeneule.* 4. Thl. L.
  Syft. Verz. d. Schmett. d. W. G. Noct. Q, 10. Pallens; Butterblumeule.
  Gladbachs neue europ. Schmett. 1. Thl. t. 11. f. 5. 6. Der Ogravogel.
  Espers Schmett. in Abb. 4. Thl. t. 11. f. 1. 2. Pallens, Noct.

Pascuella, Tin. 2. Thl. U.
  Syft. Verz. d. Schmett. d. W. G. Tin. B, 4. Pascuella.

Pavonia, Noct. 2. Thl. D.

---

* Die Raupen diefer Art lebt meiftens in dem Marke der Kletten.
** Ich habe diefe Art mit der Ph. Flavicornis verglichen, welche Herr Gladbach das Duppe nennt; und wenn ich mich nicht trüge ift fie auch in Herrn Espers 4. Thl. t. 49. f. 6. vorgeftellt. Beide find eine Art die im Syft. Verz. nicht verzeichnet find.

Pennaria, Geom. *Hagebuchenspanner*. 1. Thl. X.
Syft. Verz. d. Schmett. d. W. G. Geom. E, 12.
Pennaria; Hagebuchenspanner.

Perfpicillaris, Noct. *Konradskrauteule*. 4. Thl. N.
Syft. Verz. d. Schmett. d. W. G. Noct. K, 11. Perfpicillaris, Konradskrauteule.
Efpers Schmett. in Abb. 4. Thl. t. 55. f. 3. Perfpicillaris, Noct.

Prafinaria, Geom. *Lerchbaumfpanner*. 4. Thl. S.
Syft. Verzeich. d. Schmett. d. W. G. Geom. A, 3
Prafinaria; Lerchbaumfpanner.

Procerella, Tin. 3. Thl. U.
Syft. Verz. d. Schmett. d. W. G. Tin. C, 20. Procerella.

Punctularia, Geom. 2. Thl. D.
Syft. Verz. d. Schmett. d. W. G. Geom. G, 13.
Punctulata.

Purpurina, Noct. 2. Thl. G.
Syft. Verz. d. Schmett. d. W. G. Noct. T, 9. Purpurina.

Pufiella, * Tin. *Meerhirfenfchabe*. 1. Thl. D.
Syft. Verz. id. Schmett. d. W. G. Tin. C, 55. Sequella; * Steinfaamenfchabe..
Befchäftigungen d. berl. Gefellfchaft natf. F. 3. Band
t. 6. Scalacella.

Pyramidea, Noct. Var. 3. Thl. M.
Rupicola, Noct. 4. Thl. F.
Syft. Verz. d. Schmett. d. W. G. Noct. W, 9. Ru-
picola.

* Am fchicklichften würde diefe Ar Lithofpermella heiffen. Die
Herren. Verfaffer d. Syft. Verz. wurden durch den Namen
Pufiella, da fie mehr als hundert kleinere Arten kannten, verführt
fie für die Sequella desHerrn Linné deren Befchreibung, wenig-
ftens in Ruckficht auf einige Spielarten, ziemlich übereinftimmt,
zu halten,

Rutilago, Noct. 1. Thl. L.
Syft. Verz. d. Schmett. d. W. G. Noct. S, 7. Anrago. /

Sanguinaria, *Geom. 2. Thl. S.
Syft. Verz. d. Schmett. d. W. G. Pyr. B, 39. Auroralis.
Naturforfchers III. St. t. 1. lf. 7.
D. Schäffers Abb. reg. Inf. t. 259. f. 4. 5.

Scotophila, Noct. 3. Thl. Z.

Sexalifata, Geom. 3. Thl. L.

Solaris, Noct. 4. Thl. W.
Syft. Verz. d. Schmett. d. W. G. Noct. W, 8. Solaris.
Efpers Schmett. in Abb. 4. Thl. t. 8. f. 2. 3. Solaris, Noct.

Strigillaria, Geom. 2. Thl. I.
Syft. Verz. d. Schmett. d. W. G. Geom. G, 8. Confperfaria?

Subfequa, Noct. Vogelkrauteule. 3. Thl. Y.
Syft. Verz. d. Schmett. d. W. G. Noct M, 21. Subfequa; Vogelkrautcule.
Efpers Schmett. in Abb. 4. Thl. t. 125. f. 1. 2. 3. Subfequa, Noct.

Sylveftrata, Geom. 1. Thl. S.
Syft. Verz. d. Schmett. d. W. G. Geom. O, 7. Temerata.

Taminata, Geom. 4. Thl. Y.
Syft. Verz. d. Schmett. d. W. G. Geom. O, 6. Taminata.

Trilinearia, Geom. Heckenwickenfpanner. 2. Thl. T.
Syft. Verz. d. Schmett. d. W. G. Geom. E, 8. Aureolaria; Heckenwickenfpanner.
D. Schäffers Abb. reg. Inf. t. 200. f. 4.
D. Gladbachs neue europ. Schmett. 1. Thl. t. 17. f. 7.
8. Der kleine gelbe Streifflügel.

* Ift eine wirkli che Spannerart.

Triquetra , Noct. 3. Thl. H.

Syft. Verz. d. Schmett. d. W. G. Noct. A a , 6. Triquetra.

Umbra , Noct. *Waldkücherneule.* 2. Thl. O,

Syft. Verz. d. Schmett. d. W. G. Noct. M , 11. Characterea; Waldkücherneule.

Unicolorata, Geom. *wolfsmilchfpanner* 2. Thl. L.

Syft. Verz. d. Schmett. d. W. G. Geom. O , 9. Euphorbiata; Wolfsmilchfpanner.

Unita , Noct. *Tanneneule.* 1. Thl. V.

Syft. Verz. d. Schmett. d. W. G. Noct. C, 2. Unita Tanneneule.

Efpers Schmett. in Abb. 4. Thl. t. 14. f. 6. 7. Unita, Noct.

Uxor , Noct. 3. Thl. X.

Efpers Schmett. in Abb. 4. Thl. t. 26. f. 5. Nymphagoga Noct.

Vernaria, Geom. *Waldrebenfpanner.* 4. Thl. T.,

Syft. Verz. d. Schmett. d. W. G. Geom. B, 3. Vernaria, Waldrebenfpanner.

Vetula , Noct. 3. Thl. I.

An den Leſer.

Seit mehreren Jahren machte ich mir in meinen Erholungsſtunden ein Geſchäffte daraus, die Geſchichte der Schmetterlinge, ſo wohl aus der Natur ſelbſt, als aus Schriften zu erforſchen.

Die Entdeckungen welche mir aufſtieſſen, veranlaſsten in mir das immer abvvechſelnde Vergnügen mit der Natur dieſer Thierchen bekannt zu vverden, und reitzten mich, es zu verſuchen, ob ich in dieſem Fache einigen Nutzen leiſten könnte.

Gegenvvärtige Beiträge ſind eine Folge, Schmetterlingsliebhaber zu vergnügen ſind ſie beſtimmt. Können ſie ſolchen Werth aufvveiſen? Kennern überlaſſe ich es zur Unterſuchung; und ihr Urtheil vverde ich mich befleiſsen nützlich anzuvvenden.

Meine Abſicht iſt, blofs die Geſchichte der Schmetterlinge, durch Beiſpiele ihrem noch ſehr vveit entfernten Ziele der Vollkommenheit näher zu bringen. Der gevvählte Stoff ſoll Anlaſs geben und bevvirken, daſs

über

über manche noch unbeleuchtete Stellen in diefer Wiffenfchaft, ein Licht verbreitet vverde.

Die Einrichtung, vvelche ich bei diefem Werckchen angenommen habe, fcheint mir die zvveckmäfsigfte zu fein. Das Ganze vvird aus vier Theilen beftehen, vvovon jeder Theil, fo bald er die Preffe verlaffen, ausgegeben vvird. Fehler vvelche fich einfchleichen könnten, binn ich, vvenn ich fie gevvahr vverde, vvillens auszurotten, und Mängel, fo. bald mir die Erfahrung Anlafs gibt, zu erfetzen.

Mein Beruf erlaubt mir nicht, die Zeit der Erfcheinung diefer Blätter zu beftimmen; vvürden fie inzvvifchen günftig aufgenommen, fo vväre es Aufmunterung ihre Herausgabe zu befchleunigen.

Augsburg
den 1ten Heumonat 1786.